不必烦恼，

你的努力终将获得回报

刘希◎著

不要为未来烦恼，坚持努力下去，

总有一天，你能看到繁华。

中华工商联合出版社

图书在版编目（CIP）数据

不必烦恼，你的努力终将获得回报 / 刘希著. — 北京：中华工商联合出版社，2016.7
ISBN 978-7-5158-1739-2

Ⅰ. ①不… Ⅱ. ①刘… Ⅲ. ①成功心理-通俗读物 Ⅳ. ①B848.4-49

中国版本图书馆CIP数据核字(2016)第168587号

不必烦恼，你的努力终将获得回报

作　　者：刘　希
责任编辑：付德华　俞　芬
封面设计：盛世纳唐文化传媒
责任审读：于建廷
责任印制：迈致红
出版发行：中华工商联合出版社有限责任公司
印　　刷：三河市腾飞印务有限公司
版　　次：2016年8月第1版
印　　次：2016年8月第1次印刷
开　　本：787mm×1092mm　1/16
字　　数：140千字
印　　张：13
书　　号：ISBN 978-7-5158-1739-2
定　　价：35.00元

服务热线：010-58301130
销售热线：010-58302813
地址邮编：北京市西城区西环广场A座
19-20层，100044
Http://www.chgslcbs.cn
E-mail：cicapl202@sina.com(营销中心)
E-mail：gslzbs@sina.com(总编室)

前 言

如果我们付出了许多努力，却仍然没有获得我们想要的结果，我们不免感到困惑：为什么我付出了努力却得不到收获？

面对这样的困惑，不同的人对此有不同的回答：别人都有关系，靠的是人脉；别人都有资金，靠的是家世；别人都有能力，靠的是天赋。言下之意是，我们没有成功，是因为我们没有人脉、没有资金、没有天赋。

但是，这样的回答并不准确。在我们周围，也有许多人通过自己的努力拼搏而获得了成功。

因此，面对这样的疑惑时，我们不妨放下虚妄的执念，自问一句：我付出了足够的努力吗？时机成熟了吗？

在努力不够之时苛求成功，就好比让一棵缺乏营养的果树结出质量上乘的果实；在时机未到之时苛求成功，就好比让一棵本该在秋天结果的果树春夏挂果。

时间从来都不负有心人。这个世上的许多人都是在历尽千辛万苦之后才获得成功的。姜太公一生不顺，暮年却被文王拜相封侯；蒲松龄科举落榜，直到晚年才写出旷世巨作《聊斋志异》，这是古人的例子，而在近代，肯德基的创始人在80岁高龄时才创业成功。这些例子都在告诉我们，成功需要我们付出足够的努力。

我们何必太过着急呢？能力不出众，只要我们努力，终究有熟能生巧的时候；未来很迷茫，只要我们耐心地规划，终究有拨开迷雾的一天；工作不如意，只要我们矫正心态，总有顺心如意的时候。

我们给自己找准方向，只有这样我们才不会迷路；我们需要改掉毛病，只有这样我们才不会跌倒；我们需要调整心态，只有这样我们才能轻装上阵；我们需要培养好习惯，只有这样我们才会事半功倍；我们需要提高能力，只有这样我们才有本事去闯荡……只要火候到了，成功不就是水到渠成的事儿吗？

目 录

第一章　有了方向，努力才不会白费

我们在埋头赶路的时候，很少想过自己走的这条路到底是不是对的。找对方向对赶路的人来说太重要了，因为只有找对了方向，我们的努力才不会白费。

赶路之前，问一问目的地

我们习惯了听激动人心的口号：“努力工作”“不能浪费一秒钟”……这些看似能够打动人心的口号却总是让人产生怀疑：为什么那么多人努力地工作、忘我地奋斗，但最后成功却不属于他们？

有的人只顾低头赶路，却不知道自己走错了方向，自然而然，他们的许多努力也就变成了无用功。

一个毕业于医科大学的应届生在为自己的将来烦恼：像我这样学医学的人那么多，面对残酷的竞争，我该怎么办？

一直以来，他都坚守着自己的方向——做一名医生。要想去一家好的医院工作，那就是千军万马过独木桥。这个年轻人没有如愿地被当地著名的医院录用，他应聘到了一家效益不怎么好的医院。可这并没有妨碍他成为一位著名的医生，在这家平凡的医院成为一位不平凡的医生后，他还创立了驰名世界的约翰·霍普金斯医学院。

他就是威廉·奥斯拉。他在被牛津大学聘为医学教授时说：“其实我很平凡，但我总是脚踏实地地在干。”

奥斯拉选准了自己的方向，就算他的起点比较低，他也能够创造出辉煌的事业。

我们都知道南辕北辙的故事，而这个故事也让我们深刻地体会到方向的重要性——即使你跑得再快，如果你在比赛中跑错了方向，你也只会失败。

贞观年间，长安城西的一家磨坊里有一匹马和一头驴子。它们是好朋友，马在外面拉车，驴子在屋里拉磨。贞观三年，这匹马被玄奘大师选中，随玄奘大师前往印度取经。

17年后，这匹马驮着佛经回到长安。它重到磨坊会见驴子朋友。马谈起这次旅途的经历，驴子听了，大为惊异。

驴子惊叹道："你有多么丰富的经历呀！可是，那么遥远的道路，我连想都不敢想。"

马说："其实，我们跨过的距离是大体相等的，当我向西域前进的时候，你一步也没停止。不同的是，我和玄奘大师有一个目标，我们按照那个方向前进，所以我们打开了一个广阔的世界。而你却被蒙住了眼睛，一直就围着磨盘打转，所以永远走不出这个狭隘的天地。"

我们的人生不也是如此吗？没有方向，即使我们再努力，那也可能只是白费功夫而已。

许多人在匆匆赶路的时候，忘了静下心来问一问自己：这是我想走的方向吗？远方的目的地是我梦寐以求的终点吗？

所以，从现在开始，倾听自己内心的声音吧，因为只有这样，我们才可以找到正确的人生方向，我们的努力才会得到应有的回报。

了解自己的长处，找准自己的定位

那些成功的人都是根据自己的长处来确定自己的人生方向，一个人用他的短处而不是长处来谋生的话，那是非常可怕的，他可能会一直处在自卑中。

一个人能否成功，在某种程度上取决于他对自己的定位。从某种意义上来说，你给自己定位是什么，你就会是什么。为了使自己充分发展，进行全面准确的定位是至关重要的。记住：在很大程度，你可以掌握自己的命运，决定自己的价值！

许多成功人士之所以取得成就，首先得益于他们充分了解自己的长处，并根据自己的特长为自己定位，最终找准了自己努力的方向。

据2007胡润IT富豪榜显示：李彦宏以180亿元身价成为IT首富。从2000年开始创业，几年的工夫，李彦宏依靠百度足足赚到了180亿元人民币。

“百度”如一条坚固、快捷、宽敞的船，不仅将李彦宏摆渡到了财富彼岸，还将同一条船上的人也一同捎了过去。2005年8月5

日，5岁多的百度在美国纳斯达克成功上市，狂升的股价一夜之间让李彦宏拥有近百亿身价，并为他的公司造就了7个亿万富翁、51个千万富翁、240多个百万富翁。

李彦宏于1968年出生在山西阳泉，其父母都是普通工人。李彦宏有三个姐姐、一个妹妹。五个孩子的家庭，生活注定是拮据而困窘的，他的父母每天操心的是如何保证一家人能填饱肚皮。和那个时代所有的同龄人一样，李彦宏平凡而又普通。

2006年12月，李彦宏以互联网显贵的身份，参加录制凤凰卫视的《鲁豫有约》。当主持人鲁豫请李彦宏给年轻人一个“最大的忠告”时，李彦宏是这样回答的：

“我觉得两条吧，第一条，做自己喜欢做的事情，因为如果你做的事情你不喜欢的话，碰到困难，你很有可能就放弃了，就不去做了；第二条，要做自己擅长做的事情。”

2007年9月，功成名就的李彦宏到哈尔滨工业大学演讲。面对莘莘学子，李彦宏解读自己的成功秘诀：“我做的是自己喜欢的事情，我的工作就是我的生活……”

生活中，很多年轻人对自己的长处认识得还不够充分。例如，善于待人接物的人并不认为善于交际是他们的特长，口才出众的人也不一定会想到会说话是自己的长处。有些时候，正是因为我们在生活中会不假思索地运用自己的特长，反而更容易忽视它们，不知道它们对自己有多么重要。

乔治毕业于法国一所著名的工程学院，毕业后，他毫不费力地找到了一份专业对口的工作。但是，几年后，他越干越力不从心。后来，他回忆说，当工程师需要一种严肃而自律的精神，但是，自己恰恰缺少这种精神。与此相反，他性格外向，富有亲和力，又特别钟爱四处活动。按部就班的工程师工作很难使他获得心灵上的满足，工作积极性也无法提高，他无法在这个行业取得成就，所以，他很苦闷。在一次经济大萧条中，乔治被淘汰出局，成为一名失业者。这一次，他准备寻找一份适合自己的工作。抱着试试看的心态，他进入了一家销售公司，负责产品销售。结果他的特长渐渐得到了发挥，不到两年，他就成为一名颇有成就的销售经理。

如果一个人对自己的长处了解不够，没有更好地发挥自己的长处，他就很难有所建树。反之，如果我们找到自己的长处，就会挖掘出自己无限的潜能，便更容易取得成功。

我们现在生活在一个机会很多的时代。这些机会给了我们充分的自由，但同时也给我们带来了困惑。有很多人抱怨不知道自己真正喜欢做什么。造成这种局面的原因是我们多年来压抑自己的喜好，总是有意无意地模仿他人，却忘记了真实的自我。

一个人竭尽全力去做一件事而没有成功，并不意味着他做任何事情都无法成功。要是他选择了不适合自己性格的职业，就注定他难以成功。莫里哀和伏尔泰都是失败的律师，但前者成了杰出的文学家，而后者成了伟大的启蒙思想家。只有当一个人选择了适合他的工作，找到了适合他的位置时，他才有可能获得成功。

目标是成功的灯塔

哈佛大学曾做过一个非常著名的关于目标对人生所产生影响的跟踪调查，调查对象是一群智力、学历、环境等条件都差不多的年轻人。

调查结果发现：27%的人，没有目标；60%的人，目标模糊；10%的人，有清晰而短期的目标；3%的人，有清晰且长期的目标。

经过25年的跟踪调查后，这一群人的生活状况及分布现象十分有意思。

3%有清晰且长期目标的人，25年来几乎都不曾更改过自己的人生目标，25年来他们都朝着同一个方向不懈地努力，25年后，他们几乎都成了社会各界的成功人士，他们中不乏行业领袖和社会精英。

那些10%有清晰短期的目标者，他们的共同特点是：那些短期目标不断实现，生活状态稳步上升，成为各行各业不可或缺的专业人才，如医生、律师、工程师、高级主管等等。

60%目标模糊者，几乎都生活在社会的中下层，他们能安稳地生活与工作，但都没有什么特别的成就。

剩下27%的是那些25年来没有任何目标的人群，他们几乎都生活在社会的最底层。他们的生活都过得很不如意，他们常常失业，靠社会救济生活，并且总是在抱怨人生。

正如空气、阳光之于生命那样，人生须臾不能离开目标的引导。有了目标，人们才会下定决心攻占事业高地；有了目标，深藏在内心的力量才会有用武之地。

心中拥有目标，我们在痛苦艰难之际，也能拥有坚韧不拔的毅力；心中拥有目标，我们便不会对其他的事情斤斤计较，这会使我们变得豁达开朗。

目标是成功的灯塔。成功是每一个人的向往，是每一个奋斗者的夙愿。目标是一种持久的愿望，是一种深藏在心底的潜意识。奋斗者一定要有目标，在目标的指引下不断前进。

打破思维枷锁

世上没有两片完全相同的叶子。对于人来说，这句话也成立：世上没有两个思想完全相同的人。

假如人类没有思想，就不可能创造出辉煌灿烂的文明来。但对于我们普通人来说，思想有时候会变成一种枷锁，人一旦被这种枷锁困住，就很容易陷入被动的境地。

大多数人总是不自觉地沿着以往熟悉的方向进行思考，而不会另辟新路。其实，一个人只要勇于打破他的思维枷锁，就很容易获得成功。

当我们面临新情况、新问题而需要开拓创新的时候，思维枷锁就是一只“拦路虎”。正如法国生物学家贝尔纳所说：“妨碍人们学习的最大障碍，不是未知的东西，而是已知的东西。”

一个名叫王淑梅的打工妹下班后看见社区门口有一群中老年人在扭秧歌——这事在城市里太司空见惯啦。她发现扭秧歌这些人的水平实在太低。生于农村、对扭秧歌有点认识的王淑梅觉察到了里面的“商机”。她辞掉了餐馆的工作，回乡下系统地学习了秧歌之后，于2005年回到京城当起了秧歌教练。现在的王淑梅不单自己教人们扭秧歌，还聘请几个在扭秧歌方面很专业的老乡来京，办起了秧歌培训班。王淑梅已经拿出自己这两年办秧歌培训班的钱在东城区买了一处废弃的大厂房，经过装修后，她准备在这里开一家“秧歌培训学校”。

一般人看到别人扭秧歌时，不过是无动于衷或笑笑而已，但这个打工妹看到的却是一个金矿。可见，要想有大胆的创新思维，就要打破思维枷锁。

一、从众枷锁

例如，当你把一个经过深思熟虑的想法告诉一个朋友时，他说：“你错了！”再告诉第二个朋友，他也说：“你错了！”于是，你就会对自己产生怀疑：“看来我确实是错了！”

二、权威枷锁

专家说：“吃鱼有助于长寿。”我们就多吃鱼。专家说：“人是由猿进化而来的。”我们相信了。我们对权威的话全盘接受，久而久之，我们就迷信权威了。

三、经验枷锁

一位心理学家同时问了100名高中生和100名幼儿园小朋友同一道问题：某位举重运动员有了弟弟，但是这位弟弟却没有哥哥，这是怎么回事？测试结果令人吃惊，高中学生考虑时间和错误率都高于幼儿园小朋友。“经验”让高中生认为举重运动员是男性，而小朋友们没有这种“经验”，因此不受束缚，反而能轻易回答出这道问题。

四、自我中心枷锁

人们总是习惯站在自己的角度去看待外界的事物，从而为自己套上了自我中心的枷锁。

五、求稳枷锁

人们在内心深处不敢冒险，希望一切都按部就班，于是，创新就被抛诸九霄云外。

六、唯一答案枷锁

生活中的许多事情不是只有一个答案，但我们很多人找到一个答案后就停止思考，创新自然无从说起。

当我们觉得自己的思维陷入困境的时候，一定要认真地审时度势，敢于打破枷锁，重新找回自己，做自己思想的主人。也只有这样，我们才能够另辟蹊径，走上成功之路。

热情地投入才能有所收获

安逸的生活是每个人都想拥有的，但许多人因为安逸而丧失了斗志，迷失了方向，变得懒惰，没有上进心。因此，安逸并不是人生最好的归宿。如果我们处在安逸的生活中，千万不要丧失了自己的人生目标。

一个人工作时所形成的习惯，不但会影响工作效率和质量，而且对其品格的形成也大有影响。有一句话这样说："检验人的品质有一种标准，那就是工作时是否能全神贯注，进入一种忘我的工作状态。"

无论你的工作地位如何平凡，如果你能像那些伟大的艺术家投入其作品一样投入你的工作，所有的疲劳和懈怠都会消失殆尽。饱满的热情可以为最普通的工作赋予伟大的意义。如果你能以高昂的热忱去做最平凡的工作，就能成为最灵巧的工人；如果以冷淡的态度去做最高尚的工作，也不过是一个平庸的工匠。

查理大学毕业后进入一家印刷公司从事销售工作，这与他最初的理想相距甚远。但是，他知道自己所追求的目标，同时也了解自己的现实处境，于是，他热情高涨，全心全意投入到新的工作中去。他将年轻人特有的热情和活力带到了公司，传递给客户。每一个和他接触的人都能感受到他的魅力。

尽管查理工作才一年时间，但是他的主动和热情已经成为公司不可或缺的组成部分。他被破格提升为销售部的领导，取得了人生阶段性的成功。

与查理同样年轻的杰斯，也在很短时间内被提拔到公司的管理层。有人问到杰斯成功的秘诀时，他说：

“我在试用期间就注意到，每天下班后其他人都回家了，而老板却常常留在办公室时工作到很晚。我希望自己能有更多时间学习一些东西，于是下班后也留在办公室里，处理一些业务方面的工作，同时给老板提供一些帮助。没有人要求我留下来，而且我的行为还遭到一些同事的非议，但是我还是坚持这样做了，因为我认为我是对的……我和老板配合得很默契，他也逐渐形成了招呼我的习惯……”

尽管相当长时间，杰斯并没有因自己积极主动的努力而获得任何报酬。但是，他学到了许多技能，并且最终赢得了老板的信任，获得了提升的机会。

但是，大多数人并不像查理和杰斯一样，他们总是以一种消极和被动的心态和习惯来对待工作，上班时懒懒散散，下班回家也无所事事。他们不是没有自己的追求，而是一遭遇困境就半途而废，因为他们缺乏一种精神支柱。

如果一个人能对“工作能免除人生辛劳”这句话有所领悟，那么，他也就掌握了到达成功的真理。倘若能以主动、热情的态度从事本职工作，那么，即使你从事的是最平凡的工作，你也能在自己的岗位上取得不凡的成就。

制订计划的目的是明确方向

说到制订计划，也许有不少人会说，情况总是在不断发生变化，未来更难以确定，现在制订计划不是白费力气吗？殊不知，我们如果不制订计划，一旦我们的生活发生变化，我们便会措手不及。因此，虽说未来的事情往往很难确定，但我们一定要制订计划，明确自己的奋斗方向。这就如同航海，在航行的过程中，我们也不知道会不会有风暴，我们只有制订详尽的航行计划，才会在各种突发事情出现时能及时应对，让整个航程尽在自己的掌握之中。

快节奏的现代生活，让我们总是疲于应付。白天，或奔波于上班途中，或穿梭于单位各部门之间，或坐在电脑旁处理一大堆文件……忙碌而紧张的工作，使我们没有时间为未来制订计划；晚上，回到家中准备晚餐，晚餐结束后，靠在沙发上和家人共度难得的休闲时光，然后拖着疲惫的身体洗漱睡觉。快乐温馨的家庭生活，也许会让我们舍不得花时间做计划。

就这样，繁忙的工作往往让我们的生活变得杂乱无章，一切都周而复始，这样的生活永远没法儿精彩。但是，只要我们稍微留出点时间制订一下计划，明确我们的方向，我们的生活将大为改观。

因此，制订计划是一件重要的事。只要我们明确了自己的奋斗方向，愿意全力以赴地投入精力去做，我们就可能实现自己的梦想。因此，我们自己真正想要的是什么？什么是自己真正想去完成的事情？把每个计划用一句话写下来，不仅是让它们时时印入自己的眼帘，更要时时刻刻提醒自己，使我们无论置身何处，都始终在向自己的梦想靠近。

不仅我们个人需要制订计划，一个团体同样需要制订计划，制订计划，明确团体发展方向，为各级员工指明发展方向，可以使员工的行动对准既定目标；为下属员工提供了明确的工作目标及实现目标的最佳途径，就可以提高工作效率。

制订计划时，我们还必须对将来做一些初步的预测，分析哪些事情可能会发生、哪些事情可能会发生变化。在做出准确的预测后，再制订出行动方案。

有计划的生活即使紧张，但因有了明确的方向而井然有序；有计划的工作即使繁忙，但因方向在握也会变得充实。制订好计划，我们的思维会更加清晰，从而取得事半功倍的效果。

心有所想，法有千种。没有计划，漫无目标，会严重阻碍我们的前进。制订计划，明确方向，明白心中所需，将所制订的计划严格执行，所有的梦想就能一一实现。

一个人、一个企业要想成长，一个民族、一个国家要想进步，都必须有自己周密的计划。失去了计划，就失去了前进的动力；有了计划，则有了明确的方向。

没有计划，没有奋斗方向，实现目标往往是一句空话；制订计划，明确方向，我们就能一步步实现自己的梦想。

第二章　告别缺点，让努力事半功倍

有的人心浮气躁，有的人满腹牢骚，有的人消极懒惰，有的人自卑怯懦，种种缺点让人们离成功越来越远。所以，我们从现在开始，要逐渐改掉自己的缺点，只有这样，我们才能迎来成功的曙光。

跟心浮气躁的自己说再见

我们的身边有一些人，他们整日忙忙碌碌，工作起来很麻利、效率挺快，但质量却不敢恭维；他们遇到突发事件，总是火急火燎，像是天就要塌下来似的。

有这样一个笑话：一只急性子的小兔子新买了一台电视机，它请憨厚的小马帮忙把电视机搬回家。他们俩高高兴兴地打开电视，准备好好欣赏一下自己喜欢的节目，可是屏幕上出现的却是纷纷扬扬的雪花。小兔子着急地上前又拍又打，想把电视机弄好，但屏幕上还是纷纷扬扬的雪花。小兔子急了，高声宣布："真倒霉，刚买的电视机就坏了，送给你了！"小马高兴地跳起来，连声说谢谢。这时，屏幕上出现了画面，一位主持人欣喜地说："各位观众，好大的一场雪啊！"

在这个笑话中，性急的小兔子把一台电视机拱手送给了小马。我们来分析一下小兔子急躁的过程：首先，小兔子看到电视机屏幕上的雪花，由于性急，它失去了正常的判断和分析能力，它只顾着去敲打电视机。另外，小兔子觉得电视机坏掉了，也不想着去补救，就将电视机送给了小马，这也是急躁的表现。

有句话叫：人慌无智。急躁的人处理事情总是不考虑后果，盲目地处理自己认为特别重要的事情，其实这些事情在你看来是重要的，但在别人眼中可能不值一提。当盲目地处理这些事情的时候，你势必会妨碍到别人，那么你给别人的印象就是太莽撞了。

小张是单位里有名的“慢性子”，用主任的话讲，就是“房子着火了，小张都不会急的。”比如说省里领导突击检察，时间定在下周，校长开会给大家布置任务，大家都抱怨时间太紧、任务繁重，小张则一脸平静，悠闲地说：“还有一周呢！慢慢来。”大家都忙了起来，连走路都提了速，一边补材料，一边唠叨着。唯独小张不紧不慢，有条不紊地保持着以往的工作节奏。转眼到了交材料的时间，这时，有人发现自己的材料日期写错了，有人发现自己的教学反思数量不够。而小张交上的材料是最完整、质量最好的，她得意地说：“告诉你们不能着急，都出错了吧！”犯错的同事无不点头称是。

其实，时间永不会变，性急只会增加焦灼感，而让我们无法沉稳地完成工作，反而导致工作频频出错。相反，“慢”不会扰乱心的节奏，让我们沉稳有序地工作。在两种不同的心态下工作，结果当然不一样。

人生短短几十年，我们经常会面对新问题，特别是在这个快节奏的社会，我们每个人都会遇到突发事件。此时，很多人往往会惊慌失措，不知道到底该怎么办，更有甚者，会采取一种不理智的方式处理问题。然而，真正做大事者，必须能够处变不惊，能够理智分析，做好下一步工作。

每个人都不想陷入困境，但我们在生活和工作中，难免会遇到各种各样的困难，有的人正是通过克服一个个的困难走向成功，有的人则被困难击败。

保持一份淡定从容的心态，改正心浮气躁的性格，我们才能成就大事。

停止抱怨，笑看人生风雨

我们每天都能听到有人在抱怨，抱怨上天不公，抱怨生活不易。为什么人们普遍过着物质充裕的生活，却还是有那么多的人觉得自己不快乐，每天都在不停地抱怨呢？

人生不如意之事十有八九，很多人在遇到烦心事的时候，第一反应就是抱怨，怪天怪地，怨天尤人，最后还把自己弄得郁郁寡欢。

孩子总是不听话，抱怨；工作经常不顺心，抱怨；上司过于太严厉，抱怨；下属工作不配合，抱怨；有时候甚至仅仅是因为天气不算太好，也会抱怨。总而言之，只要是有人在的地方，我们就会听到各种各样的抱怨，每个人似乎都能找到抱怨的理由。

通过抱怨，人们能让自己的内心获得短暂的平衡，这是一件好事。可是，如果我们一碰见倒霉事就习惯性地选择抱怨，久而久之，我们就会形成抱怨的习惯。

可是，抱怨并不能改变现状，它除了能排解我们心中的一时不快之外，根本不能解决任何实质性的问题，有时候甚至还会让我们的生活变得更加黯然失色。

安妮30岁的时候，在美国创办了一家大型的化妆品公司。一位记者在采访她的时候，好奇地问道："安妮小姐，请问您的成功秘诀是什么？"安妮没有正面回答记者提出的这个问题，只是微笑着讲了一个故事。

小时候，安妮和奶奶一起生活在乡下，两个人相依为命。年迈的奶奶拿出自己几十年省吃俭用攒下来的积蓄，在乡下的公路旁边开了一间小小的杂货店。因为奶奶为人和气，附近的邻居们有事没事都喜欢跑到杂货店里找她聊天。

每当那些爱发牢骚、喜欢抱怨的邻居来小店买东西时，奶奶总会把在一旁玩耍的安妮拉到身边，让她安安静静地听邻居们和自己的对话。为此，安妮感到非常不解，她不明白奶奶为什么每次都要让她当听众。

有一天傍晚，天气非常得闷热，邻居迈克大叔来到小店买一包香烟。奶奶笑着和迈克大叔寒暄道："迈克兄弟，今天过得怎么样啊？"

迈克大叔双眉紧蹙，唉声叹气地说道："别提了，今天过得实在糟糕！您看看，这鬼天气真是热得要命啊，我都快热得脱掉一层皮了，真是见鬼了！"

奶奶一边忙着给他拿香烟，一边友善地回应道："是啊，今天天气确实挺热的，回去多喝点冰水吧！"

在一旁听着他们对话的安妮发现，迈克大叔在离开小店之前，总共抱怨了十几分钟。

又有一次，邻居苏珊刚进店门，就愁眉苦脸地向奶奶抱怨道：“我再也不想干洗碗、拖地、洗衣服这些家务活了！每天都把自己的手弄得油腻腻、脏兮兮的，您看看我的手，都已经快裂出口子了。”

奶奶的反应还是一如既往，一边给她拿东西，一边随声附和着。

等苏珊发完了牢骚离开小店后，奶奶终于微笑着问安妮：“孩子，你喜欢听那些人在我面前不停地说着抱怨的话吗？”安妮摇了摇头，“他们的抱怨听起来让人感觉心情很糟糕！”

奶奶点了点头，继续和颜悦色地说道：“孩子，你一定要明白一点，天气是不会因为你的抱怨而变得更加凉爽的，家务活也不会因为你的抱怨而消失不见的。从今以后，你要是遇到什么倒霉事，一定不要选择抱怨，因为抱怨并不能解决你当下的困扰。如果你对现状不满意，那就想方设法去改变它。如果实在改变不了，不妨调整一下自己的心态，用一种积极乐观的精神去面对任何糟糕透顶的窘境！”

其实，偶尔的抱怨原本无可厚非，但如果我们像故事中的迈克大叔和苏珊一样，抱怨起来没完没了，那只会让我们的心情陷入谷底。

一旦我们的头脑中出现了抱怨的意识，我们就会立马放下自己手中的活儿，开始为自己鸣不平，然后在他人面前大骂世事的不公或是哀叹老天的无眼。长此以往，我们会不断放大自己的负面情绪，让自己整日在抱怨中消极沉沦。所以，与其浪费时间在抱怨中碌碌无为，还不如正视困境，寻求解决之道，以积极乐观的心态笑看人生的风雨。

懒惰是对人生的不负责任

香港媒体对李嘉诚有如下评价："李嘉诚发迹的经过，其实就是一个青年奋斗成功的励志故事，一个年轻小伙子，赤手空拳，凭着一股干劲儿，创造出自己的事业王国"。

在刚踏入社会时，李嘉诚付出了巨大的努力，他后来回忆起这段日子的时候说："别人做8小时，我就做16个小时，起初别无他法，我只能以勤补拙。"

以勤补拙，不让自己的心闲下来，让自己时时刻刻都处于忙碌的状态中，这是李嘉诚锻炼自己的一种方法。

14岁时丧父，从此，他不得不暂停学业，过早地挑起家庭的重担。他的第一份工作是在一家小茶楼当跑堂的。每天，他起早摸黑侍候客人——倒茶、扫地、擦桌，忙得不可开交。工作间隙，他还细心观察学习别人如何做生意。

李嘉诚说，当时他内心里非常清楚，"我只有努力工作，努力获取知识，才能够找到出路。"

后来，他开始从事销售行业。最初的时候，因为没有经验，他屡屡碰壁，他每天花更多的时间去干活，挨家挨户地推销产品。

在创建了长江塑胶厂之后，他也是吃住都在厂里。虽然有员工替他办事，但他总是愿意亲力亲为。时刻保持战斗状态的李嘉诚在处理起事情的时候，越来越得心应手。

从55岁开始，李嘉诚就一直被追问退休计划。但李嘉诚却告诉别人："我完全没有退休计划，我是一个真正的工作狂。"

论财产、论商业成就，李嘉诚早就已经到了可以功成身退的时候了，但是他却没有选择甩手不管，而是继续在自己的岗位上发光发热。或许，他坚守的正是那句话："我不能忍受游手好闲，因此，只要我能够做，我就会继续做下去。"

曾经有一位记者问日本著名的推销大师原一平："您认为成功最重要的秘诀是什么呢？"

原一平当场脱掉了鞋袜，请记者摸了摸他脚上的茧。

记者说："您的脚茧好厚啊！"

"不错，我的脚茧特别厚，您知道原因吗？"

"是什么原因呢？"

"因为我走的路比别人多，所以脚茧特别厚。"

记者这才恍然大悟。

据原一平后来回忆，在做销售的时候，他平均每个月要用掉一千张名片，每天要拜访十五位准客户。因为他的勤快，五十年来，他已经积累了二万八千个准客户，这是他成为"推销之神"最大的本钱。

勤奋是成功的保证，相反，懒惰是成功的绊脚石。一个人只有对自己狠一点，才能够让自己有所成长。所谓一分耕耘，一分收获，一个人所获得的报酬，与他所付出的努力是成正比的。只有让自己时刻处于忙碌状态，才算是对自己负责。

李嘉诚勤奋，所以他成功了；原一平勤奋，所以他成功了。这是成功者的经验，也是我们普通人必须借鉴的经验。

自信让你魅力非凡

如果有两个人想与你打交道，其中一个萎靡颓废、暴躁易怒，另一个自信满满、彬彬有礼，你会选择哪一个与之交往？

相信大多数人都和我一样，会选择那位自信满满并且懂礼貌的人交往。原因很简单，因为一个颓废且易怒的人会令人感觉极其不舒服。

如果我们想跟某人成为朋友，那么，我们首先会考虑一个问题：这个人是否值得信赖？如果他不值得人去信任，那么，我们当然会犹豫甚至是拒绝与他深交。同样的道理，如果别人想和我们交朋友，同样会考虑我们是否值得信赖。

西方有句民谚："一个自信的人也必定是一个被信任的人。"也就是说，一个人自信的人往往容易被他人所信任。

美国著名的汽车销售大师乔·吉拉德出生于美国底特律市的一个贫民家庭。9岁时，乔·吉拉德开始赚钱补贴家用。乔·吉拉德16岁就离开了学校，成了一名锅炉工，并在那里染上了严重的气喘病。后来，他又成为一位建筑师，盖了13年房子。35岁以前，吉拉德是一个不折不扣的失败者。他患有相当严重的口吃，换过四十份工作，仍一事无成。

但是，吉拉德从不认输，尽管他在35岁时还是一事无成，并且欠下巨额债务，但是他从来没有认过输。

1963年1月，35岁的吉拉德因为破产被赶出了房子，一同被赶出来的还有吉拉德的妻子和他们的两个孩子。妻子哭着对吉拉德说："乔，我们没钱了，也没吃的了，该怎么办啊？"

吉拉德第二天便出去找工作。那天雪下得很大，吉拉德走进了一家汽车经销店。见到这家店的老板，吉拉德说的第一句话就是："给我一份工作。"

老板很是诧异，随即拒绝了吉拉德："我不能雇你，现在正值隆冬，生意不好做，我不会让自己的店里凭白多一张吃饭的嘴。顺便问一句，你卖过车吗？"

"没有，但我卖过房子。"吉拉德回答说。

"那我就更不能雇你了。"老板显然对吉拉德的回答不满意。

但吉拉德并没有放弃，他自信地说道："你只要给我一部电话、一张桌子，我不会让任何一个跨进门来的客户空手出店门，并且我还会带来自己的客户，我会在两个月内成为你们这里最棒的推销员。"

老板说："你疯了"。

吉拉德则回答："不，我只是饿了。"

老板最后答应了吉拉德的请求，就在那一天，吉拉德就卖出去了一辆汽车。三年后，他成为"世界上最伟大的推销员"。

后来，吉拉德在演讲时说："你应该向所有人证明，你能够成为一个了不起的人，你要相信这一点，你不能消沉、不能气馁。”

是自信让吉拉德将无数陌生人变成了自己的客户。没错，自信就是取得别人信任的秘密武器。你足够自信，别人才敢放心把钱交给你做投资；你足够自信，别人才敢陪你一同创业；你足够自信，别人才敢去相信你。

一个人只有首先相信自己，别人才有足够的理由去相信你。自信让你魅力非凡。

同样的错误不要犯第二次

金无赤足，人无完人，没有人是尽善尽美的，我们应当接受自己本来的样子。

经营自己的长处，是许多成功人士的经验之谈。经营长处，犹如投资业绩优秀的大公司，是稳赚不赔的。然而，无论做什么事情，我们都不能只看到自己的优点，更要找出自己的不足，同时尽量扬长避短。也许别人的优点正是我们的优点，别人的缺点正是我们的缺点；也许别人的优点能衬出我们的不足，别人的缺点能告诫我们警惕。观人如观己，借别人之长来补己之短；观己亦观人，审视自我，明己之过，使自我彻悟，对自己也是一种提高。

托尔斯泰曾说过："只有什么事也不干的人，才不至于犯错误。"列宁也曾说过："即使我们会犯几百次错误，会遭受几千次失败，但我们并不害怕。应当认识到，我们只有进行百折不挠的奋斗，才能取得胜利。"一代伟人毛泽东也说："错误和挫折教训了我们，使我们逐渐地聪明起来了，我们的事情就办得好一些。任何政党，任何个人，犯错误总是难免的。犯了错误就要改正，改正得越迅速、越彻底，越好。"

我们每一个人都会有自己的优点，但同样的，也都会有自己的缺点。世界上本来就没有十全十美的人，谁都不能要求一个人没有一点缺点、不犯一点错误。既然每个人都不可能完美，我们就难免会犯错。既然错误已不可避免地犯下了，就不要隐瞒，就不要害怕，应当让自己从错误中吸取教训。尽管我们害怕犯错误，但也会在所难免地犯错误，犯了错误就要坦然面对，害怕不能解决任何问题。

犯错误当然不是什么好事，但是当我们以正确的态度去看待错误时，坏事往往可以转化为好事。所以，我们不要片面地曲解错误，要充分认识到，犯错不可怕，可怕的是犯错而不知道悔改。古往今来，所有的成功人士，都是在犯过许多错误后才迈向成功的。

当我们明白人无完人，谁也难保自己不犯错时，我们就能正确地面对错误。人无完人，不管我们愿不愿意，我们都难免会犯错。唯一的办法就是正确面对错误，下次不再犯同样的错误。也正是因为这样，我们在伤痕累累中一次次历练，一次次成长，阅历才会变得逐渐丰富，性格才会变得更加坚强，脑筋才会变得更加聪明，心胸才会变得更加豁达。

江东升在公司的一次晨会上，就人事运用、工作安排事宜，与总裁万明争得面红耳赤。万明实在听不下去，想要发作，又怕在员工面前丢了自己的好名声，只好勉强忍住。

下班后，万明憋了一肚子气回到家里，对妻子气冲冲地说：“总有一天，我要辞掉江东升！”

妻子知道江东升与丈夫关系笃深，他们是大学同学，大学毕业后两个人一起创业。正是有了江东升这样的得力助手，公司才有了今天这样的成绩。

“发这么大的火干什么？”妻子递给他一杯水，“说说，江东升有什么不好？”

万明说：“他总觉得自己有才华，总是当着大家的面侮辱我，今天晨会上又是如此，我实在忍受不了！”

妻子说：“那你想一想，江东升是不是有些才华，他今天早晨的话，是不是也有些道理？”

万明听了，一声不吭，陷入沉思。凭心而论，江东升在某些方面是强过自己的，有想法、有才华，对自己也忠心耿耿，将公司的事当成自己的事一样认真，只是生性倔犟，好出风头，今天晨会上他的建议确实有一番道理，可是，他若是散会后私下与自己商量，自己一定会欣然接受。

“他的建议还是有些道理的，可是他不该在晨会上当着那么多员工的面儿驳我面子。”万明说。

妻子说：“人无完人，江东升正是急你所急，想你所想，所以才大胆提出建议，而没有考虑到你的面子，这也是可以理解的。假若他是一个没有才华、不为你着想的人，才不会冒险斗胆提什么建议哩！”

妻子的这一番话把万明的满腔怒火浇熄了。

我们每个人都希望自己足够完美，都希望能拥有完美的人生，然而，自古至今，百分之百完满的人生是没有的，百分之百完美的人也是没有的。其实，完美与不完美是一个相对的概念，当我们把生活中那些不如意看成是一种缺憾，放大生活中的痛苦，人生就仿佛一片黑暗；而当我们能够接纳那些不完美，把生活中那些不如人意的地方看成人生重要的组成部分时，我们反而坦然。我们只有接纳他人的不完美，包容他人一时不慎所犯下的错误，才会让自己更加豁达；正视自己的长处和短处，取他人之长补己之短，把自己的优点发挥至极致，我们才会拥有精彩的人生。

“人非圣贤，孰能无过。过而能改，善莫大焉。”这句名言是孔子教我们对待错误的一种态度。我们都不能避免犯错，我们唯一能做的只有减少犯错，犯错了就去正视它、改正它。

不要只有三分钟热度

龟兔赛跑的故事家喻户晓，这个故事又被大家改编了各种不同的版本，很是生动有趣。

版本一：龟兔约定赛跑，比赛开始后，兔子自以为比乌龟跑得快，于是，跑了一程后，兔子在一棵树下美美地睡了一觉，结果兔子输给了坚持不懈奔跑的乌龟。

版本二：兔子很不服输，又找乌龟赛跑，这次兔子从山上往下跑。兔子接受了上次的教训，一开始跑得很快，但跑到一半赛程的时候，它突然发现身边有一个黑影一闪而过，定睛一看，原来是拼命的乌龟把头缩进壳里往山下滚。兔子泄气了，又不敢跑了，结果又输给了乌龟。

版本三：兔子相信自己的奔跑能力，它这次一定要赢乌龟。比赛开始后，兔子直奔目标，可中间一条河挡住了去路，兔子一筹莫展，而乌龟又轻而易举地过了河，到达了终点。兔子再一次败给了乌龟。

人们无论怎么改编，都打破常理让乌龟赢兔子。仔细分析一下，乌龟为了实现自己的目标，持之以恒，拼搏进取，利用自身优势，从而取得了胜利。

兔子有想赢取胜利的强烈的愿望，也有实现愿望的非常有利的条件，并且它也愿意为之付出，可为什么总是输给乌龟呢？盲目自信也好，缺乏勇气不敢拼搏也好，挫折面前主动放弃也好，归根结底，是兔子只有三分钟的热度，缺乏持之以恒的精神。

同样，我们要想提高工作效率，实现职业理想，必须要有坚持不懈的精神，最忌讳三分钟热度。

而三分钟热度现象恰恰在职场上普遍存在，导致很多人沦为平庸的上班族。什么是三分钟热度？职场上的三分钟热度主要是指人们工作没有韧性，刚开始情绪高昂，干劲儿十足，可过不了多久，就没有了兴趣和热情，得过且过，按部就班。最主要的表现就是频繁地跳槽。

姚峰毕业后在一家合资公司的行政部工作，在刚进入公司的那段时间，他工作地非常卖力，嘴勤腿也勤，而且他又乐于钻研业务，很快的，工作能力就得到了公司领导的赏识。但三个月后，他感觉工作很单调，发展空间不大，就跳槽到了一家民营企业的人力资源部。

在人力资源部工作了近半年后，他升任招聘专员，开始负责公司人才的选拔招聘。此后，公司已经进入平稳发展时期，很少有人员进出，因此，姚峰的职位一直没有变化，他的工作清闲起来，薪水也一直在4000元左右，这让不甘心的他又打起了跳槽的主意。

这次机会不错，靠朋友的推荐，姚峰去了一家私营企业做业务主管。但由于他以前没有这方面的工作经验，试用期内，他并没有赢得老板的青睐。一时没有更好去处的姚峰只能暂时委屈自己，在此待了下来。

职场上像姚峰这样频繁跳槽的人很多，有些人不但没有找到适合自己发展的职业平台，反而还浪费了时间和精力。

究其原因，都是由于人们工作没有耐性，这山望着那山高。岂不知，这个单位的不利因素在另一家单位可能消失了，但另外的不利因素可能又产生了。职场上，一个人如果不能克服频繁跳槽的观念，不在一个领域里坚持不懈地做下去，缺乏“定力”，那么，别说实现个人职业理想，就是工作高效率也成了一句空话。

只有三分钟热度的人，缺乏把自己当作企业主人翁的精神，缺乏责任感与敬业精神，有些人甚至对工作有些厌烦。工作上没有热情，同事关系不好，与上司的关系不和，缺乏执行力。对于这样的人，企业也是很警觉的，领导不会把重要的工作交给他们。于是，他们又会觉得自己没有得到重视，于是更加想跳槽。

那么，该如何克服这种只有三分钟热度的毛病呢？

首先要有渴望。力量来自渴望，有了渴望，才有热情与动力。电影《当幸福来敲门》里的主人翁克里斯•加德纳很渴望做个好爸爸，他想给自己的孩子一个幸福的家。正是有了这样的渴望，他才愿意在生活潦倒之际，每天奔波于各大医院推销并不太先进的骨密度扫描仪；正是有了这样的渴望，他才有热情去争取无薪工作六个月后才可能被录用的股票经纪人的工作。他做到了，后来还创办了自己的公司。

因此，要想避免三分钟热度，最好的方法就是让自己的内心充满渴望。这个渴望可以是个人理想，也可以是对家庭与他人的承诺。有了渴望，就有了战胜困难的信心，就有了前进的动能，就有了持之以恒的毅力。

其次是职业的选择。选择的职业最好是自己感兴趣的，能给自己提供发展空间的。不要总盯着环境优越、福利待遇比较好等目标。这就如同选择伴侣一样，适合自己的，才会保持长久的激情。

第三，要有监督力量。可以是自我监督，也可以找他人监督。自我监督，就是运用自我提醒，在感到自己进步很大时“奖赏”一下自己，增加愉快的体验；在感到懈怠时鞭策一下自己，告诫自己落后就可能被淘汰。他人监督，就是将自己的行动告知家人朋友，让他们时时提醒自己。

总之，职场工作最忌讳三分钟热度。三分钟热度也许能让你一时体会到工作的乐趣，一时得到领导的青睐，但最终会让你工作低效，庸庸碌碌。

懒散习惯要不得

英国作家塞·约翰逊说过，没有一种懒散比戴着“职责”光环的懒散更容易诱使我们堕落了。他讲的“戴着职责光环的懒散”就是指职场上的懒散，职场上的人懒散害己害人害团体，严重降低工作效率，影响团体形象与业绩。

懒散的人通常是由于懒惰而放纵自己，对自己的行为不加管控，这些人大多数与沙发、电视、电脑、烟酒等结下了不解之缘。生活中他们常常着装邋遢，家里凌乱不堪，不愿意收拾。生活中懒散一点儿，不至于造成多大的危害，但如果在工作中也非常懒散，则会给团体带来极坏的影响。

一些单位人员整天混日子，工作效率极其低下，上班时间不是玩游戏，就是看视频、聊天，不务正业，存在“庸、懒、散”现象。“平平安安占位子，忙忙碌碌装样子，疲疲沓沓过日子”，也就自然而然地成了某些人的工作法则。这种现象遭到人们的诟病，影响了单位的形象。

王玉函在一家公司里做人事助理，她聪明伶俐，工作认真，又肯吃苦，因此，上司很是器重她。

可是，她最近迷上了一部电视剧，一开始她规定自己每晚只看两集就休息，可是她总感觉不过瘾，慢慢放松了自己，每天晚上看四集，最后连饭都不愿意做了，用方便面充饥。不仅如此，她白天在工作中也偷偷地在电脑上看电视。

一次，上司安排她做一份员工入职流程表，要求在三天内完成，虽然她嘴上答应说三天内保证完成任务，心里却想着那部电视剧里的情节，把这事忘得一干二净。

很快，三天时间就到了，上司打电话问她，员工入职流程表做得怎么样了，这时她才慌了神，也不分析单位的实际情况，从网上下载了一份表格，简单做了修改就交给了上司。上司对王玉函这份“交卷”很是不满意。面对上司的询问，她无言以对。

王玉函由于喜欢上电视剧，放松了对自己的约束，慢慢地懒散起来，工作中失去了责任感，没有了主动性，最终导致了工作上出现了错误。

懒散的人在工作中不可能有高效率，只能是无所作为，得过且过，对所从事的工作抱着应付的思想，做一天和尚撞一天钟。有些人甚至受不了他人约束，不把企业的规章制度放在眼里，一切以自己为中心，个人主义至上。

法国古典作家拉罗什·富科说，在所有的过错中，我们最易于原谅的就是懒散。早上起床，想再多睡五分钟，一次一次地原谅自己；计划没有完成，拖一下没有关系，找个理由搪塞一下……人都有贪图安逸的本性，就是这样地一点点原谅自己，渐渐地就将当初的理想、领导的提醒、家人的寄托等等放在了一边，不知不觉地就养成了懒散的陋习。

改掉懒散的习惯，就要培养勤奋的品质。因勤奋而成功的伟人不胜枚举，如果感觉伟人距离我们比较遥远的话，那就向我们身边的普通人王君丽学习。

王君丽，一位笑容甜美的湘江女子，一位有着强大内心的“80后”，以“要做就做最好”为自律信条的保险人，2011年11月加入新华保险深圳分公司，2012年上半年名列深圳地区银行业务部理财经理完成标准保费第一名，成为成功的职场达人。

她专心于保险业，勤于钻研学习，响应公司的号召，跟紧公司的经营节奏，认真履行职责，哪怕争取一笔很小的业务，她也不厌其烦地来回奔波。有一次，王君丽代替本公司的一位理财经理找客户办理事宜，客户所在地距离公司非常遥远，交通也不太方便。

王君丽顶着大太阳，几经周折，找到了那个客户。就这样，勤奋让王君丽收获了越来越多的客户。

勤奋可以成就一切，而懒散的人只会毁掉自己。每个人都应该勤奋，用辛勤的劳动去收获美好的明天。

冲动会让你付出难以想象的代价

生活中，我们经常能看到为了一些小事而大发雷霆、甚至做出过激行为的人。有句话是这样说的：挥出去的愤怒的拳头，始终有一天会回到自己身上。所以，我们要学会控制自己的情绪，遇事不要冲动。有人说人在愤怒时智商基本为零，这句话虽然有些言过其实，但是却明确地告诉了我们，人在愤怒时会失去理智，严重妨碍我们对事情做出正确的分析和判断。

王庆瑞大学毕业后到一家公司应聘产品营销的职位，过五关斩六将，经过一轮轮的角逐，他终于脱颖而出，被这家公司聘用。公司给他签订的是三个月的试用合同，如果在实习期间他表现良好，公司就与他签正式合同。在这三个月里，王庆瑞起早贪黑地全力工作，而且颇有业绩，王庆瑞对自己能转正信心满满。可是三个月试用期已经过去两三天了，王庆瑞却没见公司有和他续签合同的任何动作，既不说让走，也不说让留。而且，他还听其他实习生说公司可能不会和任何人签合同，完全把他们当作廉价劳动力，实习期间就会找借口赶他们走。

王庆瑞听到后恼怒了，他冲到了总经理办公室，但是总经理不在，此时，火冒三丈的他碰到了刚刚从外面回来的副总经理。于是，他冲着副总经理说了很多过激的话。副总经理非常冷静地听完了王庆瑞的话，然后说："请你到我办公室来一下。"原来，最近公司正在进行一个大项目，总经理和其他公司高层都在忙这个事情，恰巧人力资源部主管又去分公司做考核，就把实习生转正的事情给拖了下来。项目的事情基本告一段落，只剩下收尾工作了，总经理就让副总经理赶来办实习生转正的事情。在介绍完事情的原委之后，副总经理又说："在这方面确确实实是公司工作出现了疏漏，但公司不是完全把这件事抛到了脑后，作为一家有一定规模、在业界有着良好口碑的正规公司，绝对不会做出把实习生当廉价劳动力的事情来。其实，公司不但已决定正式聘用你，而且出于激励新人的目的，还准备给你一个营销部副主任的职位。"说完，副总经理打开电脑，调出了正准备打印的聘用文件。此时，王庆瑞呆了。后来，副总经理又说："鉴于今天发生的事情，你先回去等一下，等总经理回来，我们再商量一下。"

几天后，王庆瑞等来的消息是公司决定不和他续签合同。本来有着良好职业前景的王庆瑞为自己的冲动付出了代价。其实，他不应该相信那些道听途说的东西，而应该先让自己冷静下来，认真了解情况，即使公司真的做了违反法律的事情，这样大闹也不会要来自己想要的结果，凡是"一气之下"做出的决定，往往会让人遭受重大的损失。所以，我们在遇到事情的时候一定不要冲动。

冲动，这种最具破坏性的情绪，给人带来的负面影响可能远远大于我们的想象。在工作和生活中，将我们击垮的往往并不是不幸和磨难，而是我们控制不了自己的情绪。就如一句西方谚语所说的，“上帝欲想让谁灭亡，必先使其疯狂。”一个平时再聪明、再理智的人，在冲动的时候，都难以做出正确的抉择。冲动这个恶魔，毁掉了不计其数的人，我们能从生活中的很多悲剧里找到它的影子。

林某因无证驾驶被交警查获，此时的林某不但不主动承认错误，反而胡搅蛮缠，百般狡辩，后来控制不住情绪，发展到殴打并持刀威胁交警，后来，林某被处罚。

某公司业务代表小陈代表公司和客户洽谈一个重要项目。但是对方屡次提出很多苛刻的要求，这让小陈很窝火，在对方又提出一个附加条件时，小陈终于忍无可忍，把手里的文件夹扔向了对方。一桩生意就此泡汤，小陈的冲动给公司造成了很大的损失，不久，小陈便被公司辞退了。

七十多岁的李老汉靠养羊为生。一天，他发现自家养的羊少了一只，于是他怀疑是邻居屠夫王某偷走了。想到这儿，气愤至极的李老汉从家里拿了一把刀去了邻居王某家。李老汉看到王某正在煮羊头，顿时火冒三丈，李老汉举刀向王某的脖子和脑袋上各砍了三刀。砍完后，李老汉气冲冲回到家，老伴却告诉他羊找到了。刘老汉因涉嫌故意伤害罪，被检察院起诉至法院，被判处有期徒刑。

这样的例子在生活中不胜枚举。如果他们都能保持冷静，不那么冲动，就不会付出这样的代价了。冲动是一种不成熟、不理智的表现，往往会让人做出不合常理的行为，造成不堪设想的后果。冲动会给人留下遗憾、伤害，给冲动者留下无尽的悔恨。

我们的老祖宗是非常聪明的，在造字的时候他们就明白了这个道理，愤怒的“怒”字，拆开来是上面一个“奴”、下面一个“心”，说明在你生气时，你的心已经成为了情绪的奴隶。不但如此，还有这么一种说法：“冲动是魔鬼，动怒如自杀。”的确如此，有人做过这样一个实验：在人情绪平静的时候，在鼻孔里插一根管子，管子的另一端插在雪堆里，这时雪的颜色没有任何变化，把雪水注入小白鼠体内，小白鼠的身体没有任何反应；然后，又在人愤怒时做同样的实验，令人惊讶的是，人呼出的气体融入冰水中，水中出现了紫色的沉淀，把这种水注入小白鼠体内，小白鼠很快就死了。可见，人生气时的生理反应十分剧烈，分泌物还具有毒性，因此，爱生气的人很难健康，更难长寿。所以，“生气等于自杀”。

第三章　调整心态，带着最好的心情去努力

如果我们控制不住情绪，就无法掌控自己的人生。换一种积极的思维方式，乐观地面对生活，每天对自己微笑，我们就能更好地去奋斗。

控制住情绪，就能把握住人生

台湾著名作家刘墉总结说：“能成大事业的人，多半有着豁达的胸怀和开朗的性格，能够在繁忙之后，放松自己，享受宁静。”

有的人能控制住自己的情绪，有的人虽懂得大道理，却不能掌控自己的情绪。人难免会生气，有的人大发雷霆，捶胸顿足；有的人默默不语，独自掉泪；有的人义愤填膺，以暴制暴；还有一些人处变不惊，以静制动，表现得很有“内涵”。

《大学》里说：自天子以至于庶人，一是皆以修身为本。而佛学有云：相由心生。你的内心是怎样的，你就会以什么样的眼光看待外面的人和物；带着有色眼镜去看外面的世界，得出的结果不符合实际。相由心生，改变内在，才能改变面容。有爱心必有和气，有和气必有愉色，有愉色必有婉容。

如果我们控制不住自己的怒气，就会让自己陷入不良的情绪当中。有人说：“怒气会让人愚蠢，闲气会让人失神，怨气会让人灰心，坏脾气会害死一个人。”要想不生气，就要时刻注意心性的修炼，事事都要加强自我修养。只要我们能以一种平和的心态对待生活，那么，我们就会享受到生活本应有的快乐和幸福。

1. 提高认识。

人要有自知之明，要认识到自己的长处和短处。对别人不能要求太高，要学会谅解、谦让。对事物要有客观的认识，心胸开阔，不为小事而动怒。有修养的人遇到问题不会大发雷霆，而是沉着冷静、心平气和，即使自己有理，也能让别人三分。提高修养，提高认识水平，是克服爱生气的好办法。

2. 学会安静。

作为普通人，能恬静地读书，沉静地写作，安静地思考，宁静地生活，就是最大的福分。人，心若静了，便听不到外界的喧闹。如一潭清幽的水，包容一切，悦纳一切。控制好自己的情绪，让自己静下来，做一个有涵养的人。

静则生慧，静则生智。遇事越冷静、沉着，离成功也就越近。冷静地正视失败，冷静地分析形势，冷静地权衡利弊，冷静地找出解决问题的办法。

提高自身的修养，我们便有足够的能力去控制自己的情绪，不被情绪所左右，过恬淡的生活。

世上本无事，庸人自扰之

试想，世间有多少人是在拿自己的错误惩罚自己，甚至拿别人的错误惩罚自己？他们忘记了“人非圣贤，孰能无过？”哪怕只是犯了一点点错，他们便陷入无尽的自责、痛苦与悔恨当中。

每个人都有喜怒哀乐，有烦恼也是人之常情。但是，每个人对待烦恼的态度不同，烦恼带给人的影响也不同。乐观的人通常很少自寻烦恼，所以，乐观的人往往活得更轻松。

慧慧是一家报社的记者，一晃几年过去了，她在工作上一直没有取得好成绩。慧慧对自己的工作很不满意，甚至开始考虑辞职。但是，她又怕辞职后找不到合适的工作，自己将面临失业。犹豫再三后，她最终打消了辞职的念头，决定就这样继续混下去。

一天，慧慧向自己最要好的朋友诉苦，并埋怨自己在工作上毫无进展。同学听后，一脸严肃地说：“造成这种情况，你知道是什么原因吗？你尝试过了解你的工作，让自己从内心深处对这份工作产生兴趣吗？你是否真正把自己的工作当成一项伟大的事业？如果你仅仅是因为对目前的工作职位、薪水不满而辞去工作，你也不会有更好的选择。稍微忍耐一下，转变态度，不要自寻烦恼，试着从工作中寻找乐趣，你就会有意外的收获。如果尝试了，没有收获，再辞职也不迟。”

这位同学的话深深打动了慧慧，她开始尝试着用积极的态度处理自己的工作，她的不满情绪渐渐消失了，对工作也渐渐有了感情，她很快得到了公司的重用。

在现实生活中，有太多的人与慧慧一样，在工作中稍遇到一点儿困难，就开始抱怨不休，从不反省自己。如果这些一天到晚抱怨工作的人，能将抱怨的精力用在工作上，而不是整天地自寻烦恼，那么，他们就有可能取得巨大的成就！

其实很多时候，烦恼都是我们自找的，是心中的杂念让我们烦恼丛生，是浮躁的心态让我们不堪重负。不要抱怨家庭，不要抱怨邻里，不要抱怨工作。世上本无事，庸人自扰之。世间俗事本就纷纷扰扰，只要我们凡事从好的一方面去想，只要我们始终带着坚定的笑容，那么，一切困难最终都能够找到解决办法。换一种积极的思维方式，每天对自己微笑，你的生活就会与众不同。

懂得取舍，学会选择

孟子说：鱼，我所欲也，熊掌，亦我所欲也，二者不可兼得，舍鱼而取熊掌者也。生，亦我所欲也，义，亦我所欲也，二者不可得兼，舍生而取义者也。

纷纷扰扰的红尘中，一路走来，我们怎能不被各种欲望所诱惑？可是，自古鱼和熊掌不可兼得。我们的时间有限，我们的精力有限，我们不可能样样都能获得。

如果你太过贪心，你便会掉进贪婪的陷阱，会让自己的身心受累。正如埃及心理学家弗洛姆说：“贪婪会给人带来无限痛苦，它耗尽了人力，可并没有给人带来满足。”你拥有了这样，必然会错过那样，你什么都想得到，结果反而会失去更多。

在人生的旅途中，懂得取舍，随时剪除一些不必要的欲望，会让你拥有一个完整而充实的人生。

张章在北京打拼，过年回来，他给朋友讲了公司同事的事。张章公司的人事部经理老林在公司已经工作了15年，他精通英、日、韩三国语言，稳坐人事部经理一职。可是，去年，他却辞了职，引起公司上下一片哗然。总经理为老林开了一个送行会，大家这才知道老林不是另谋高就，而是要回家乡养鸡。当时的张章想不通，四十出头的成功人士，为何要放弃如日中天的事业，而到农村去养鸡呢？这也太不可思议了，用多年的人事管理经验去管好一群鸡，这事也太搞笑了。

转眼，一年就过去了，张章和同事去老林家乡看老林。老林的养鸡场规模不大，只请了两个工人，老林一周四天驻守养鸡场，其余时间回城里的家，一年下来，只盈利7万多。大家面面相觑，想安慰老林，说万事开头难，慢慢积累经验，一定会做大、做强。老林摇摇头说："7万元，足够我的生活开销了，我挺满足的。以后也不想扩大规模。"他说，现在的生活才是他想要的，自足、安逸、快乐，每天领略山野清风、花香鸟语，呼吸着新鲜空气。他还说，明年女儿考上大学后，他们就举家搬迁到鸡场，这种闲云野鹤般的生活，一直是他们夫妻所向往的。养些鸡，种点菜，闲时写点文章、画几幅画，自得其乐，安然惬意。

张章讲完这件事后，说："我曾以为，有钱、有地位便是最大的幸福。可是，为了这样的幸福，我们却历尽千辛万苦，等我们有了一定的积蓄和所谓的地位时，却发现，我们并不快乐。其实，幸福最大的劲敌是膨胀的欲望。不快乐的原因并不是我们拥有的太少，而是我们奢求的太多。"

取，是一种领悟；舍，更是一种智慧。懂得取舍，是为人处世的至高境界。

这个世界上美丽的东西有很多，对我们来说，重要的是要学会取舍。该取的时候要取，毫不迟疑；该舍的时候要舍，不能留恋。懂得取舍，学会选择，才会活得更加充实、坦然和轻松。选择是量力而行的睿智和远见，放弃是顾全大局的果断和胆识。放弃了不属于自己的，才更加珍惜自己拥有的一切。

你无法左右天气，但你能改变心情

许多成人在长大之后回想起自己的童年时总会说，“要是能像小时候那样就好了”。我们之所以会怀念童年，是因为童年的我们无忧无虑。其实每一个人都无法避免会遇到困难与挫折，我们唯一能做的，就是改变自己的心态。只有拥有乐观的态度，我们才能找到快乐的理由，只要我们乐观地面对人生，不论遭遇怎样的痛苦或磨难，我们都会发现生活处处充满着灿烂阳光。

放眼古今中外历史，许多大人物都有着笑看人生的乐观精神。比如，惨遭宫刑的司马迁，非但没有颓废潦倒，反而在狱中奋笔疾书，最后写下“史家之绝唱，无韵之离骚”的著作——《史记》；双目失明、双耳失聪的海伦·凯勒，并没有被残酷的命运击倒，而是奋发向上，乐观地面对生活，最后自学成才，写出著作《假如给我三天光明》。

由此可见，再大的痛苦也不过就是高山上的冰雪，一旦被乐观的阳光所照射，它最终还是会慢慢消融，直至成为一道涓涓细流，滋润抚慰人的心灵。

江风是一个非常热爱生活的男人，不管在生活中遇到什么倒霉事，他绝不会让自己沉溺在悲观消极的情绪里超过一刻钟。他总是对朋友说：“哪怕就是不开心一分钟，这一分钟也是被我辜负了。”因此，他凡事不较真，为人随和豁达，一旦意识到自己不开心，他会立刻调整自己的心态，努力为生活找点乐子。

有一次，他在撰写稿件的时候，写着写着，突然感到有点儿口渴，于是，他起身准备给自己倒杯水。没想到，他抬脚的时候，一不小心绊到了地上的电脑电源，电脑的电源插头“啪”的一声从墙壁上的插座上掉了下来。这一下，可把江风给吓呆了，因为他辛辛苦苦撰写的文档还没来得及保存。他深深地叹了一口气，决定先把这件事扔在一旁，喝水解渴才是正事。

喝完水后，他重新插上电源插头，打开电脑，撰写的稿件果然一个字都没留住。但他现在一点儿也不想再继续写下去了，于是，他干脆选择放松自己的心情，点开了电脑桌面上的音乐软件，又给自己泡了一杯香浓的咖啡。就这样，他一个人静静地坐在沙发上，一边慢慢地品味着香醇的咖啡，一边细细聆听着他最爱的Beyond乐队的歌曲。

一个下午就在这种轻松的氛围中过去了，江风的心情明显有了好转。他神清气爽地再次打开电脑上的Word文档，指尖在键盘上飞快地起舞，此刻的他文如泉涌，不到一个小时的工夫，他就完成了这篇长达3000字的稿件。

确实，要是我们老被烦心事所困扰，只会深陷情绪的泥沼无法自拔。既然这样，我们还不如洒脱一点儿，笑看人生的酸甜苦辣。

任何时候都别忘了微笑

和陌生人初次打交道的时候，如果我们总是面带微笑，让对方感受到我们是友善真挚的人，那么，双方就能接近彼此的距离。不仅如此，由于我们的微笑，对方甚至会觉得他自己是一个受欢迎的人。而能够得到别人的认同，对于任何一个人来说，都是一件值得高兴的事儿。

为了让顾客有一种宾至如归的感觉，现在的商家都强调要微笑服务，微笑已经成为一种强有力的竞争手段。

1919年，希尔顿开始了他的旅馆经营生涯。当他的资产从1500美元奇迹般地增值到几千万美元的时候，他立马回到家里，把这个消息分享给了母亲。

可母亲的反应让他始料未及，“依我看，你跟以前根本没有什么两样……事实上，你除了对顾客诚实之外，你还要想方设法使来希尔顿旅馆的人还想再来住，你要想出一种简单、容易、不花本钱却行之久远的办法去吸引顾客，这样，你的旅馆才有前途。”

母亲的忠告让希尔顿如坠云雾，究竟什么方法才具备母亲所说的“简单、容易、不花本钱却行之久远”？他绞尽脑汁，始终不得其解。于是，他开始频繁地逛商店、串旅馆，最后得出了一个准确的答案——微笑服务。

从此，希尔顿实行了微笑服务这一独创的经营策略。每天他都问服务员一个问题：“今天你对顾客微笑了没有？”他要求每个员工都要对顾客展示自己最真诚的微笑。即使处于经济危机的萧条环境下，他也经常提醒旅馆的工作人员：“万万不可把我们心里的愁云摆在脸上，无论旅馆本身遭受了什么困难，希尔顿旅馆服务员脸上的微笑永远是属于旅客的阳光。”

微笑确实如同阳光，它总是能带给陌生人温暖。希尔顿旅馆的员工时时刻刻做到了“笑脸迎人”，从而大大地提升了希尔顿旅馆的知名度。

为了满足顾客的要求，希尔顿帝国除了到处都充满着迷人的微笑外，在组织结构上，希尔顿也尽力创造一个比较完整的系统，以便旅馆成为一个综合性的服务机构。

因此，希尔顿饭店除了提供完善的食宿外，还设有咖啡厅、会议室、宴会厅、游泳池、购物中心、银行、邮电局、花店、服装店、航空公司代理处、旅行社、出租汽车站等一整套完整的服务机构和设施，使得到希尔顿饭店投宿的旅客，真正有一种“宾至如归”的感觉。

当他再一次询问手下的员工们：“你认为还需要添置什么？”时，员工们想破了脑袋，也想不出饭店还需要什么。此时，希尔顿突然笑着说道：“还是一流的微笑！如果是我，单有一流设备，却没有一流服务的饭店，我宁愿弃之而去，住进虽然地毯陈旧，却处处可见到微笑的旅馆。”

微笑就像一个神奇的魔法师，当我们对别人展露微笑的时候，别人就会感到心情舒畅，从而回赠我们一个温情脉脉的微笑，我们在微笑中感知到彼此的善意和诚挚。

如果我们还没有向陌生人时刻展示微笑的习惯，那从现在开始，我们就要努力对着镜子练习，时刻注意调整嘴角上扬的幅度，让我们尽情地释放最温暖的笑容吧，让我们的微笑像一束灿烂的阳光，一路畅通无阻地抵达陌生人的心灵。

第四章　培养好习惯

拥有良好的习惯可以让人受益一生。所以，从现在开始，我们一定要认识到习惯的重要性，养成良好的习惯，为未来的成功打下坚实的基础。

好习惯让你受益一生

在一次国际物理学术大会上，一位记者向一位诺贝尔物理学奖获得者提出了这样的一个问题：“您认为您是在哪所大学或者哪本书里学到了最重要的东西？”

对于这个问题，这位精神矍铄的物理学家不假思索地回答：“我认为最重要的东西不是在大学或者书本里学到的，而是在我小时候父母教给我的。”

物理学家的回答让记者感到非常意外。记者穷追不舍地又问：“既然这样，请问您的父母都教给您什么重要东西了？”

物理学家笑着回答：“其实都是一些很小的事情。比如把自己心爱的东西跟小伙伴分享；不属于自己的东西就不要乱拿；讲卫生，爱劳动，用完的东西要放回原处；饭前便后要勤洗手；多思考，善观察……总结起来，小时候父母教我的就是这些。说到底，我在小的时候养成了良好的习惯。”

著名文学家巴金说过：“对孩子的教育从好习惯培养开始。”家长不仅要对孩子的今天负责，更要对孩子的一生负责。好习惯对一个人的成长、成才非常重要。

众所周知，伟大的发明家爱迪生一生共有1093项发明，这在整个人类发明史上简直是个奇迹！世人无不惊讶爱迪生强大的创造力，这些发明都要归功于爱迪生勤于思考的好习惯。

爱迪生自己也说过：“正如力量可以通过锻炼得到加强一样，我们同样可以锻炼和开发我们的大脑。人类的大脑就像一片没有完全开垦的肥沃的土地，谁都无法预测这片土地能结出多少果实。”

很显然，爱迪生成了一个伟大的发明家，跟他勤于思考的良好习惯密不可分。当我们认真观察那些伟大的人物时，我们在他们身上都能看到一些良好的习惯。

德国思想家、哲学家、天文学家、星云说的创立者之一，德国古典哲学的创始人康德，一生著述丰厚，享誉全球。在谈到习惯时，康德说：“习惯是一股推动人向前迈进的强大而巨大的力量。不同的习惯决定不同的人生。而良好的教育能够让我们养成一种良好的习惯，不管是在学校中还是在社会中，良好的习惯会让你变成佼佼者。”

美国“成人教育之父”戴尔·卡耐基说：“良好的习惯就好比存放在银行的一笔巨款。每时每刻它都会产生数以万计的利息，让你的人生与众不同。”确实，良好的习惯会让一个人更好地立足于社会，并影响你一生的成功和幸福。可以说，当你养成一种好习惯的时候，你的人生就向成功迈近了一步。

如果将成功比作航行，那么，良好的习惯自然就是乘风破浪的船帆。早在公元前350年，古希腊哲学家亚里士多德曾说过这样一句话：“好习惯会使人终身收益。”这也是为什么很多杰出人物在一败涂地之后还敢扬言，只要给他们时间，他们一定能东山再起，再创辉煌。

好习惯是成功的保障，也是一个人一生的财富。石油大王洛克菲勒曾经说：“即使我捐掉我所有的资产，变得身无分文，只要给我一点儿时间，要不了多久，我又会成为一个亿万富翁。”

面对困难，永不退缩

巴尔扎克有一句著名的话：“苦难对于强者来说是一块垫脚石，对于能干的人来说是财富，对于弱者来说却是万丈深渊。”这句话充分说明了一个道理：我们面对苦难会获得什么样的结果，关键在于我们拥有什么样的人生态度。

在美国威斯康星州经营小农场时，琼斯身体健康，工作十分努力。平静的生活年复一年地过着，直到突然发生了一件不幸的事。

琼斯患了全身麻痹症，卧床不起，几乎失去了生活自理能力。他的亲戚们都觉得，他将永远成为一个失去希望的病人，不可能再有什么作为了。

然而，琼斯不想就这样躺在病床上过一辈子。有一天，他做出了自己想了很久的决定。他把他的计划讲给家人听。“我再不能用我的手劳动了，”他说，“但是，如果你们愿意的话，你们每个人都可以成为我的手和脚，让我们把农场每一亩的耕地都种上玉米，然后我们就养猪，用所收的玉米喂猪。当我们的猪还幼小时，我们就把它宰掉，把肉做成香肠，然后把香肠包装起来，将它们销售出去。我们可以在全国各地的零售店出售这种香肠，像出售糕点那样。”

这种香肠确实像糕点一样出售了！几年后，这个品牌名为“琼斯仔猪”的香肠竟成了众多家庭的日常必备食物。

谁都希望自己的人生一帆风顺。但实际上，幸运不可能降临到每个人的头上，反倒是各种各样的困难时常陪伴人的左右。我们只有以坦然的心态面对一切困难，才不会让困难毁掉自己的意志，才有希望跳出困境的旋涡。

当面对困难时，大多数人往往在还未采取任何应对措施之前，便已被困难吓倒了，他们不相信自己能够战胜困难，在心态上他们已经不战而败了。相反，如果我们满怀信心地面对困难，便极有可能克服困难。

已故的布斯·塔金顿生前总是说：“人生加之于我的任何事情，我都能面对，除了一样，就是瞎眼。那是我永远也无法忍受的。”

但是这种不幸偏偏降临了，在塔金顿60多岁的时候，他发现自己看东西时很模糊。他找了一个眼科专家，证实了不幸的事实：他的视力在减退，有一只眼睛几乎全瞎了，另一只眼睛的视力也好不了多少。他最怕的事情终于发生了。

塔金顿对这种“无法忍受”的灾难有什么反应呢？他是不是觉得“这下完了，我这一辈子到这里就完了”呢？没有，他自己也没有想到他还能幽默地调侃自己快要失明了。以前，浮动的黑影令他很难过，它们时时在他眼前游过，遮挡他的视线。可是现在，当那些最大的黑影从他眼前晃过的时候，他却会说："嘿，黑影来了，不知道今天这么好的天气，它要到哪里去。"

当塔金顿完全失明之后，他说："我发现自己是个能承受视力减弱的人，就像一个人能承受别的事情一样。要是我五种感官能力全丧失了，我知道我还能够继续生存在我的思想里，因为我们只有在思想里才能够看，只有在思想里才能够生活，无论我们是否知道这一点。"

塔金顿为了恢复视力，在1年之内接受了12次手术，为他动手术的是当地的眼科医生。他没有害怕。他知道这都是必要的，自己没有办法逃避，所以惟一能减轻他痛苦的办法，就是爽爽快快地去接受它。

他拒绝在医院里用私人病房，而是住进大病房里，和其他的病人在一起。他试着让大家开心，他清楚地知道自己的眼睛动了什么手术，他总是尽力去想自己是多么的幸运。"多么好啊，"他说，"多么妙啊，现在科学已经发展到了这种地步，我真是太幸运了。"

塔金顿说："我可不愿意把这次经历拿去换一些更开心的事情。"这件事教会他面对不如意的事，就像他所说的："瞎眼并不令人难过，难过的是你不能面对这个事实。"

我们要树立起正确的心态，面对困难永不退缩，确立自己的人生目标，并为此努力奋斗下去，才能让自己的人生摆脱困境。

坚持学习

有人把社会比作一所大学，只要一个人踏入社会，那么，他就是这所“大学”的学生。凡是经受过社会锻炼的人，凡是在事业上有所建树、有所成就、有所贡献的人对此都会有切身的体会，社会的确是一所大学校。社会不仅是人生的大学校，也是检验人的知识运用能力，以及社会应变能力、社会活动能力等综合素质的大学校，更是人生的一个大考场！

很多人参加工作之后可能会有这样一种想法：上了十几年的学，如今总算是不用再学习了。这种想法实在是大错特错，殊不知，在社会这座大学里，我们应该学习的东西更多。

很多人都会想：“要是有钱，我又何必去学习呢？”于是，抱着这样的想法，很多人就只会一门心思地盯在工作上，工作之外的事情很少关心。至于学习嘛，那更是抛到九霄云外去了。其实这是人们对“学习”和“工作”以及“挣钱”这三者关系的一种误解。

在很多人眼里，工作是为了挣钱，所以工作之外的事如果不能立刻带来经济效益，那也就没有必要去做。但他们不知道，其实学习正是为了更好地工作。只有不断地学习，不断地提高自己的工作能力，我们的工作效率才会提高，我们才能更好地工作。

著名生物学家渥沦·哈特葛伦年轻时曾是一名挖沙工人，长年累月的劳作使他萌发了必须要成就自己的事业的欲望——他想成为研究南非树蛙的专家。按照哈特葛伦所受的教育，本来他不具备这方面的才能，但他从1969年开始，就把大部分时间和精力用在了研究南非树蛙上。他每天都收集150个标本，共做了大约300万字的笔记，终于发现了南非树蛙的生活规律，并从这些树蛙身上提取了世界上极为罕见的能预防皮肤伤病的药物，哈特葛伦由此一举成名，他获得了哈佛大学的博士学位，并成为美国《时代》周刊的封面人物。

试想一下，如果渥沦·哈特葛伦从挖沙工转为树蛙研究者之后，不注重学习，只是抓几只树蛙来做解剖，那么，他还能够获得如此大的成就吗？

李昌是一家公司的技术总监，在一次坐火车去南方某城市出游的途中，他遇到了两位二十出头的年轻人。旅途很漫长，李昌又是一个健谈的人，于是，他主动找他们攀谈了起来。

细细了解之后李昌才知道，原来这两个年轻人是大学同学，一个叫杨炎春，一个叫魏浩。这次他们是结伴去沿海的一个城市找工作，两人也都是特别有趣的人，李昌跟他们聊得十分投机。下车之前，李昌还留下了他们的联系方式。

后来，李昌跟他们断断续续地联系着，两个年轻人碰到一些工作上、生活上的麻烦事儿时也会找他倾诉，李昌听说他们俩进了同一家广告公司。

一天，李昌接到了魏浩的电话，令李昌诧异的是，魏浩在接通电话之后半天都没有说话，李昌知道他可能又碰上什么烦心事儿了，于是耐心地告诉他："有什么事跟我说，不会有事的。"

打消疑虑之后，魏浩才跟李昌打开了话匣子："前辈，我跟炎春之间的关系出现了问题。"

"啊！"李昌不由得吃了一惊，这两人是大学同学，现在又是同事，这么多年的感情，怎么说出问题就出问题？

细问之下，魏浩才告诉了李昌事情的原委。

原来，两人毕业后在同一家广告公司找到了工作，当时两人都是做广告策划，但是两年之后，杨炎春已经是广告部的副主编，而魏浩却还是在原地踏步，没有丝毫进展。本来是同学的两个人，现在一个成了领导，一个成了下属，因为工作的原因，两人多次吵架，魏浩觉得杨炎春这是当了官就不认兄弟了，任凭杨炎春怎么解释，魏浩都不听。在给李昌打电话之前，他们已经有近半个月没有说过话了。

知道事情原委之后，李昌问魏浩："你是不是嫉妒人家杨炎春现在混得比你好，所以心中有些不忿？"

魏浩倒也坦诚，他在电话那头叹口气说道："要说不眼红那是假的，我们两年前毕竟还是在同一条起跑线上，但是现在他成了我的上司，我肯定会有想法。但我今天给您打电话不是来说自己的不是，而是想请教您一个问题，为什么他杨炎春就能当上副主编，我还是原地踏步呢？"

听到他的这番话，李昌便笑着问道：“你敢保证自己付出得和人家炎春一样多吗？”

李昌的话显然是击中了魏浩的心坎，这下他不说话了，过了好久他才回答道：“的确，炎春这两年来每天都窝在出租房里看书、做笔记，跟广告相关的书和案例他都不知道看了多少遍，这是他努力的结果。”

李昌接着问：“那你呢？”

魏浩在电话那头苦笑道：“我这两年干得最多的事儿就是打游戏，其他的还真没干什么。”

所以，职场中的每个人都应当谨记，工作是为了挣钱，这本没有错，但如果想让自己能够更好地工作，那就必须要坚持学习，只有这样，我们才能实现自己的理想。

每天多做一点点

在做同一件事情时，不同的人有不同的态度。有的人觉得只要把事情做好就行了，也有的人觉得，人的精力是有限的，能少做一点就少做一点。

我们都知道，我们多付出一分，就会多得到一分回报；多付出十分，也许就会多得到十分回报，这就是“多一分耕耘，多一分收获”。

在职场中，一个员工光是做好自己的本职工作是不够的，你还要时刻提醒自己，“我可不可以为公司、为客户多付出一点点呢？”其实，每天多付出一点点，并不会把你累垮，相反，这种积极主动的工作态度将会给你带来更多的机会。

每天多付出一点点，能让你在公司里脱颖而出；每天多付出一点点，上司和客户就会更加信任你。

一个星期六的下午，一位律师走进艾丽的办公室，问哪儿能找到一位速记员，因为他手头有些工作必须当天完成。

艾丽告诉他，公司所有的速记员都去观看球赛了。如果他晚来5分钟的话，自己也会走。但艾丽同时表示自己愿意留下来帮助他，因为“球赛随时都可以看，但是工作必须在当天完成”。

做完工作后，律师问艾丽应该付多少钱。艾丽开玩笑地回答：“哦，既然是你的工作，大约1000美元吧。如果是别人的工作，我是不会收取任何费用的。”律师笑了笑，向艾丽表示谢意。

艾丽的回答不过是一个玩笑，并没有真想得到1000美元。但出乎艾丽意料，6个月之后，在艾丽已将此事忘到了九霄云外时，律师却找到了艾丽，交给她1000美元，并且邀请艾丽到他的公司工作，薪水比艾丽现在的月工资高出1000美元。

艾丽放弃了自己喜欢的球赛，多做了一点事情，最初的动机不过是出于乐于助人的愿望。艾丽并没有义务放弃自己的休息时间去帮助他人，但她的放弃不仅为自己增加了1000美元的现金收入，而且为自己带来了更好的工作机会。

当然，你没有义务做自己职责范围以外的事，但是，积极主动是一种极珍贵的品质，“每天多做一点点”的工作态度能使你从竞争中脱颖而出。

每天多做一点点，是聪明人的选择；每天少做一点点，是投机者的把戏。努力多做一点点，虽然要求你应不计报酬、不怕牺牲，但是，这种“多付出”最终必然会结成丰硕的成果，并给你加倍的回报。

成功者总是愿意在别人还没起床时先起床；别人还在休息时，他早已采取行动；别人走了1公里路，他要走2公里路；别人读1本书，他就读2本书；别人工作8小时，他就工作10小时；别人拜访

10个顾客，他就拜访15个顾客……

成功是靠一步一个脚印走出来的，很多人花费大量的时间和精力去寻找成功的捷径，却从来不肯多花费一点时间用在工作上。其实，不要小瞧自己比别人多付出的那一点，它也许就会改变你的一生。

从现在开始，我们不妨养成每天多做一点点的良好习惯，把每一件事情都做到最好，给自己增加更多的筹码，让自己离成功越来越近。

养成发散思维的习惯

年轻人比尔有一手开锁的绝活儿，不论构造多么复杂的锁，只要经由他手，他都能在最短的时间内将其打开。目前为止，尚未有失手的情况发生。

“只要让我带着自己的特制工具进去，一个小时之内，我绝对能打开任何锁！”虽然比尔的信誓旦旦，但小镇的居民不相信比尔有这样的本事。

在比尔的再三要求下，小镇居民特别打造了一个坚固的铁笼，并给铁笼配上了一把复杂无比的大锁，如果比尔能在一个小时内开锁出笼，小镇居民表示愿意支付他1000美元。

比尔一走进铁笼，就迫不及待地打开自己的工具盒，等到拿出特制的开锁工具后，他立马专心致志地工作起来。20分钟过去了，比尔还在摸索着该如何打开这把锁。仔细观察比尔的神情，他似乎有那么一点儿摸不着头绪；45分钟过去了，比尔依旧在重复先前的工作，不同的是，他的眉头紧锁，额头也开始冒汗；一个半小时过去了，比尔终究还是没有打开这把锁。正当他灰心丧气地靠在铁笼的门坐下来时，让人震惊的结果出现了——铁笼大门竟然打开了。

比尔这才明白自己为什么没能打开这把锁，原来，小镇的居民压根就没有给这个铁笼的大门上锁，那把看似复杂无比的大锁只不过是一个掩人耳目的摆设罢了。

人们常说，最危险的地方就是最安全的地方，那是因为在常人固有的思维里，谁都不会躲在最危险的地方，此时，最危险的地方也就成了大伙最容易忽视的地方。比尔若是早些明白了这个道理，也就不会在自己的脑袋里安上一把墨守成规的大锁，更不会被一扇虚掩的铁门折腾得筋疲力尽。

由此可见，我们不管做什么事，一定要学会打破常规，不被思维定势捆住手脚，毕竟事情并不是只有一个标准答案。行走职场亦是如此，当我们遇到难题时，灵活地运用大脑，懂得举一反三，最后才能在灵光一闪中找到解决问题的新思路。

1952年前后，日本东芝电气公司曾一度积压了大量的电扇卖不出去，7万多名职工为了打开销路，绞尽脑汁地想了不少方法，可始终没有多大效果。

有一天，公司的一个小职员在街上溜达，偶见许多小孩子在玩五颜六色的风筝，他忽然灵机一动，想出了一个使电扇畅销的好办法。赶回公司后，他连忙向公司董事长提出改变电扇颜色的建议，在当时，全世界的电扇都是黑色的，东芝公司生产的电扇自然也不例外。这个小职员强烈建议把黑色的电扇改为彩色的电扇，公司高层随后就这一建议展开讨论，最后决定采纳这个建议。

第二年夏天，东芝公司推出了世界上第一款彩色电扇，不仅备受消费者好评，还在市场上引发了一阵抢购热潮。从此，黑色的电扇已然成为历史，取而代之的是颜色各异的彩色电扇。

谁也没有想到，只需要改变一下电扇的颜色，就能突破以往电扇积压滞销的不利局面，为公司创造出如此巨大的利益。平心而论，这一具有创造性的设想其实并没有蕴含多少高深的科学知识，也不需要提出者有多丰富的商业经验，可为什么偌大一个东芝公司，除了这位名不见经传的小职员外，竟无一人想到过呢？

这不得不归罪于人们的思维定式，自有电扇以来，电扇就一直以沉闷的黑色面孔出现在消费者的眼前。虽然并没有法律条文规定电扇必须是黑色的，可久而久之，人们渐渐地认为电扇只能是黑色的，压根就没有想到电扇也可以有别的颜色。

东芝公司的这位小职员却并不这么认为，在众人处于束手无策之际，他突破了“电扇只能漆成黑色”这一思维定式的束缚，最终成功地帮助公司突破困境。

法国生物学家贝尔纳曾说：“妨碍学习的最大障碍，并不是未知的东西，而是已知的东西。”由此可见，我们之所以难以解决工作中遇到的困难，原因就在于我们总是被固有的经验束缚手脚，无法开动脑筋。

那么，我们该如何培养自己的发散思维呢？

发挥想象力应该是培养发散性思维的关键，想象力丰富的人，通常思维都要比一般人更活跃。因此，我们可以尽情地驰骋在天马行空的想象中，让奇思妙想充满我们的脑海。

另外，淡化标准答案也是培养发散性思维的必备条件。面对困境的时候，我们必须尽可能多地给自己提一些“如果……”“假定……之类的问题，这样才能强迫自己换一个角度去思考，最终突破单向思维的限制，寻求到新的解决方法。

经验虽然是一笔宝贵的财富，却也时常成为我们脑海里的无形枷锁，让我们错误地以为事情只有一种答案，此路不通就代表着成功与我们无缘无分。但事实上，只要我们敢于打破常规，就一定能看到不一样的风景。

让爱岗敬业成为习惯

一个敬业的人一定是一名优秀的员工，而一个不敬业的人则很有可能会被企业淘汰。可以毫不夸张地说，只有敬业，我们才能在竞争激烈的职场站稳脚跟。

很久很久以前，小镇上有母女三人相依为命，他们过着平静的生活。后来，母亲不幸病倒，这时候，大女儿凯特决定出去找工作，以维持家庭生计。

她听说离家不远的地方有一片森林，她决定去碰碰运气。当她在森林中迷失方向、饥寒交迫的时候，抬眼一看，不知不觉之中，她已经来到一间小屋的门前。

一推开门，她吃惊地缩回了脚步，因为她看到了杯盘狼藉、满地灰尘的场面。凯特是一个喜欢干净的姑娘，想了想，她走进去整理屋子。她洗了盘子，整理了床，擦了地。

过一会儿，门开了，进来12个小矮人，他们对屋里焕然一新的环境十分惊讶。小女孩告诉他们，这一切都是她做的。她妈妈病了，她出来找工作，想在这里歇歇脚。

小矮人们非常感激。他们告诉她，他们的仙女保姆去度假了，所以房子变得又脏又乱，现在他们需要一个临时保姆。小女孩高兴极了，她马上表示自己愿意当他们的临时保姆。

工作生涯开始了。第二天，她早早地起床，给主人们做早餐，打扫屋子，准备晚餐。她手脚勤快，工作又认真。

第三天、第四天也是如此。到了第五天的时候，她透过厨房的窗子看到了美丽的风景。“对了，自从来到这里，我还没有见过白天森林的景色。出去看看吧。”小女孩对自己说道。

一切都是那么新奇。她在外面玩了整整两个小时。回到屋里的时候，太阳已经快落山了。她急急忙忙地跑去整理床铺、洗盘子、准备晚饭。还有一件重要的事情——打扫地毯和地毯下面的灰尘。但由于时间太短，她决定不打扫地毯下面的灰尘了。“反正地毯下面没人看得见，有点儿灰尘也没有关系。”

一切都非常顺利，小矮人回来后，并没有发现什么。又过了一天，凯特又跑出去玩，又没有打扫地毯下的灰尘。“我每周清理一次灰尘就可以了。”凯特对自己说道。

又过了五天，用过晚餐，小矮人们聚在一起打扑克。有一位小矮人丢了一张牌，他们到处寻找。这时候，有一位小矮人开玩笑地说：“说不定那张牌钻到地毯下面去了。”

很不幸的是，居然有人相信他的话，他们揭开了地毯，看见了灰尘满地的地板。

结局如你所料，凯特丢掉了这份工作，她只得离开森林，开始寻找下一份工作。

在工作中，每个人都有自己的职责。医生的职责是救死扶伤，军人的职责是保卫祖国，教师的职责是培育人才，工人的职责是生产合格的产品……社会上每个人的工作不同，职责也有所差异，但每个人都应该有敬业精神。

一个人只有养成了敬业的好习惯，他才能够全力以赴地去工作，哪怕只是从事最平庸的职业，他也能创造出辉煌。而一个不敬业的员工不但不可能在工作岗位上取得大的成就，反而会让自己寸步难行。

丁斯德是美国一家大公司的部门负责人，事业前景一片光明。但就在那个秋季的一天下午，他犯了一个无法挽回的错误——擅自离岗半小时，并由此影响了他一生的职业发展。

9月12号那天下午，丁斯德实在经不住正如火如荼进行的欧洲杯足球赛的诱惑，处理完所有的事情后，他偷偷地离开办公室，找到一个有电视的房间，尽情地欣赏起自己喜爱的球队的精彩表演。

半小时后，他惬意地赶回自己的办公室，似乎一切正常。蓦然，他被桌子上的一张纸条惊呆了，上面写道：丁斯德先生，既然你那么喜欢足球，我看你还是回家尽情去欣赏好了。上面是他熟悉的签名——公司老板威尔·纳德。

原来，就在丁斯德刚刚离开办公室10分钟时，平时不曾到下面各部门走动的老板，很随意地走进了他的办公室，并在他的办公桌前坐了10分钟，却一直未见他的影子。于是，老板勃然大怒，毅然辞掉了这位很有潜能的中层管理者。

中年失业的丁斯德后来又辗转应聘了几家公司，但始终未能找到适合自己的位置，收入每况愈下，生活日渐潦倒。后来，他竟长时间失业在家。丁斯德只能借酒消愁，深深地懊悔那次擅自离岗。

从现在开始，我们每个人都要养成爱岗敬业的好习惯，对自己的工作投入百分之百的热情，只有这样，我们才能在平凡的岗位上创造出不平凡的人生来。

脚踏实地做事，老老实实做人

鲁迅曾把那些脚踏实地做事、老老实实做人的人称为“中国的脊梁”；李嘉诚说：“不脚踏实地的人，是一定要当心的。你造一座大厦，如果地基打不好，上面建得再牢固，大厦也是要倒塌的。”因此，在职场中，不管是遇到什么样的情况，我们都要把心沉下来，一步一个脚印往前走，努力做到不心高气傲、不心浮气躁、不好高骛远，力求做到老实为人、踏实做事。

温家宝曾说：“年轻人，既要敢于仰望星空，也要学会脚踏实地。”仰望星空，无边的夜幕引发人的无限遐想，梦想在自由地驰骋；脚踏实地，未知的路途等待着开拓，实干是前行的动力。个人的发展，国家的强盛，需要我们仰望星空，更需要我们脚踏实地！

有很多人都胸怀大志，却总是缺乏实际的行动，没有付出，又哪儿来的收获呢？很多人总是做着不切实际的梦，还不愿老老实实地学习、踏踏实实地行动，目光总盯着遥远的未来，大事做不来，小事又不做，长此以往，他们便只会成为一个空想家，最后什么事也干不成。

不管做人也好，做事也罢，我们一定要脚踏实地。尤其是我们血气方刚的年轻人，我们拥有智慧的大脑、火热的激情和旺盛的精力，朝气蓬勃、善于学习、志向远大是我们无可匹敌的优势。但是，我们也应看到，心情比较浮躁、思想总有些摇摆不定，也是我们的一些通病。因此，沉下心来踏踏实实做事、老老实实做人就显得尤其重要，它能使我们戒除浮躁，认真做好手中的每一件事，哪怕是一个小小的细节，也要做到尽善尽美，才有可能使身边的机会垂青于自己。

王宝强如今是家喻户晓的大明星，可是，在出名以前，他也过着非常艰苦的生活。可是，他从来没有放弃当演员的梦想，总是脚踏实地地做事，一步一个脚印，终于，他迎来了自己事业的春天。

无论是在戏里还是在生活当中，王宝强都是一样的淳朴。8岁时，当城里的孩子还在爸妈怀里撒娇的时候，王宝强已经只身一人来到少林寺学习功夫了。6年后，14岁的王宝强成了一名“北漂”。

在北京闯荡初期，王宝强生活得异常艰难，经常是吃了上顿没下顿。为了填饱肚子，他靠着腿脚功夫进了剧组当武行，干些替身、群众演员的零活。王宝强说：“那段时间非常苦，每天都要找剧组开工，一天最多挣50块钱，每月收入几百元不定，几个朋友一起租最便宜的平房，条件十分简陋。吃饭也是吃了上顿不知下顿，从来没有一天吃过三顿饭，饿得发晕的时候，就买几个馒头充饥。”无论条件多么艰苦，王宝强都咬牙坚持着，没伸手向家里要过一分钱，实在没钱的时候，他就跟着建筑队去刷墙。身边很多打工的朋友都坚持不住，纷纷转行干了别的，王宝强依旧在影视圈的最底层挣扎着。

命运终于眷顾这个脚踏实地的孩子，16岁时，王宝强被导演李扬挑中，主演独立电影《盲井》，这部电影让王宝强一夜之间从武行变成金马奖最佳新人。王宝强凭《盲井》获得了法国第五届杜威尔电影节“最佳男主演奖”、第四十届台湾金马奖“最佳新人奖”，以及第二届曼谷国际电影节“最佳男演员奖”。

2004年，王宝强参演冯小刚导演的贺岁剧《天下无贼》，终于名声大噪，其朴实的个性让他赢得很多人的关注。

2006年，王宝强主演30集电视连续剧《士兵突击》，成功地塑造了许三多这个角色，其表演才能在这部剧集中得到充分的展现，给人们留下深刻印象，王宝强赢得了广大电视观众的喜爱。

回想以前，王宝强觉得十分庆幸，“如果我当时放弃了，我想我也不可能有今天。”

在许多人的眼里，老实的王宝强很傻。但正是这份踏实，让王宝强获得了成功。他的“傻”，他的“憨”，让他赢得了观众的喜爱。从“傻根”到许三多，王宝强火爆荧屏。

生活中，当有些人在抱怨上帝不公平时，却有更多的人像王宝强一样，为了自己的梦想奋力拼搏。我们每个人都需要有老老实实为人、踏踏实实做事的精神。王宝强认为自己跟许三多很像，就像他说的：“许三多就是一个靠精神活着的人——每个人都觉得这个人不可能成事，但他偏偏就是凭着自己的踏实认真成事了。大家总比许三多强吧，连他都能成功，我们只要用心，凭什么不能成功呢？”

脚踏实地做事，老老实实做人，这也是每个职场人必备的素质，也是我们实现梦想、成就一番事业的关键。我们唯有用心做事，不给自己设定不切实际的目标，不在追梦的路上心存侥幸，而是脚踏实地地走好每一步，兢兢业业做好每一件事，才能看到梦想开花。

当我们把坚持变成一种习惯的时候，我们就会发现，自己已经变得很踏实了；能够坚持从自己做起，从一点一滴做起，从平凡的小事做起，说真话，走正道，办实事，慢慢我们就会发现，我们的梦想正在一点点实现。我们只有老老实实做人，脚踏实地做实事，才能用一点一滴的汗水铸就我们辉煌的业绩，我们的明天才会更美好。

一个人的能力有大小，要根据自己能力的大小去确定目标，然后老老实实、脚踏实地地去干，一步一个脚印地实现自己的人生梦想。否则，一味地好高骛远，不考虑可行性，就永远也不可能成功。

脚踏实地地做事，老老实实地做人，做任何事情都不要心存侥幸心理，而是要脚踏实地走好每一步，兢兢业业地做好每一件事情。在踏实做事之中，让自己一次比一次稳健；在老老实实做人之时，让自己一次比一次优秀，在自己的岗位上谱写出更加辉煌的乐章。

只有迅速采取行动，才能完成目标

三个旅行者打算徒步穿越喜马拉雅山，用行动证明在励志课上学到的“凡事必须付诸实践”的观点。爬到半山腰时，他们才发现他们仅有的食物就是一块面包。谁来吃这块面包，他们要把这个问题交给老天来决定。晚上，他们在祈祷声中入睡，希望老天能发一个信号过来，告诉他们谁能享用这份食物。

第二天早晨，第一个旅行者说：“我做了一个梦，梦里我到了一个从未去过的地方，享受了我一直孜孜以求而从未得到的和谐与平静。还有一个长着长长胡须的智者让我品尝了这块面包。”

“真奇怪，”第二个旅行者说，“在我的梦里，我看到了自己神圣的过去和光辉的未来。也有一位智者出现在我面前，说我更需要食物，因为我要领导许多的人，需要能量和体力。”

然后，第三个旅行者说：“在我的梦里，我什么都没有看见，哪儿也没有去，也没有看见智者。但是，在夜晚的某个时候，我突然醒来，吃掉了这块面包。”

其他两位听后非常愤怒：“为什么你在做出这项自私的决定时不叫醒我们呢？凭什么？”“你们俩都走那么远，找到了大师，又发现了如此神圣的东西。而对我来说，行动最重要，在我饿得要死时，上天及时叫醒了我！”

三个旅行者都需要那块面包，但前两个旅行者各找了一个冠冕堂皇的理由，描述一个美丽的情景与未来，而第三个旅行者直接吃掉了面包。这个寓言故事告诉我们，如果不采取行动，一切都将化为泡影。

在职场上，有些人常常夸下海口，说某个任务如果要是交给他来完成，他肯定会执行得完美无缺。可是，如果上司真的安排他做某件事，他不是找借口逃避，就是拖延时间，这种只说不做的人在职场上是不会有前途的。不可否认的是，个人的成功与环境、机遇、天赋、学识等外部因素有关，但更与自身的勤奋和努力直接相关。

甘肃民勤县年均降水量仅110毫米左右，而年蒸发量却达到2460毫米，沙漠渐渐地吞噬着一个个村庄。县里的青壮年只好纷纷外出打工。“80后”马俊河却没有被困难吓倒，他立志要改变家乡的现状——让沙漠变成绿洲。为此，他查阅了大量关于治理沙漠生态环境的书籍，又在网上发表了如何治理民勤沙漠化的文章，引起了各方关注。在网络上，他认识了许许多多同乡，他们共同组建了“拯救民勤网”。第一年，他们在网上募集善款，招募了志愿者。他们来到沙漠边缘，在10亩荒漠里栽下了5000棵能够在沙地上固沙的梭梭树。第二年，他们又栽下10000棵树。第三年，他们又栽下10000棵树。

一晃几年过去了，那片荒漠已经披上了新装，马俊河的“拯救民勤”计划入选“中国公益2.0培训项目”，得到了社会的肯定。

正是因为采取了行动，马俊河才找回了美丽的家园。行动就是一个人在面对障碍或困境时，主动去改变现状，行动是完成计划、奔向目标、获得成功的保证。

寒号鸟的故事或许能给我们一些启迪。

传说寒号鸟与其他小鸟不同，它长着四只脚，不会像其他的鸟那样飞翔。

夏天的时候，寒号鸟全身长满了美丽的羽毛，它很是骄傲，连凤凰也不放在眼里，整天摇晃着羽毛，到处炫耀。秋天到来的时候，小鸟们各自忙开了，有的开始结伴飞到南方过冬；有的整天辛勤忙碌，寻找食物，修理窝巢，做好过冬的准备工作。只有寒号鸟，既没有飞到南方去的本领，又不愿辛勤劳动，仍然是整日东游西荡，还在一个劲儿地到处炫耀自己漂亮的羽毛。

冬天终于来了，天气寒冷极了，小鸟们都回到自己温暖的巢里。这时，寒号鸟身上漂亮的羽毛都脱落光了。夜间，它躲在石缝里，冻得浑身直哆嗦，它不停地叫着：“好冷啊，好冷啊，等到天亮了就造个窝啊！”等到天亮后，太阳出来了，温暖的阳光一照，寒号鸟又忘记了夜晚的寒冷，于是，它又不停地唱着：“得过且过！得过且过！太阳下面暖和！太阳下面暖和！”

寒号鸟就这样一天天地混着，过一天是一天，一直没给自己搭一个窝，始终过着居无定所的日子。

其实寒号鸟也想拥有温暖的巢穴，搭建一个巢穴对于它来说并没有难度，但它就是不愿意付出劳动，得过且过，到头来只能挨冻受饿。

作为一名企业员工，要想有所成就，就必须脚踏实地地付出行动。要想工作有效率，实现职业理想，现在就付出行动吧。

拥抱责任，才能高效执行

在实际工作中，我们常常会遇到下面这样的情况：

本来计划两个小时写好一份总结，结果一会儿聊天，一会儿浏览网页，拖上一天才匆匆完成任务。

一个销售员，本来做好了第二天的计划，打十个电话，拜访三个客户，但打了两个电话后，销售员就没心情打了，拜访客户？下午吧！到了下午，唉，反正也来不及了，明天吧！

一个服装裁剪师，发现了设计的缺陷，却依然按照原图纸裁剪，结果给公司造成损失。问及责任，裁剪师则说：“又不是我的责任，那是设计师的问题。”

……

责任心不强，工作效率不高，造成了不同程度的不良后果。

在现代职场中，责任心强的员工，一般都会具有较强的执行力，他们的工作效率很高，这些人往往能够获得成功。

热播的都市励志大剧《囧人的幸福生活》，凭着犀利的社会话题、传神的人物形象，引发了收视狂潮，在竞争激烈的影视制作舞台上脱颖而出。

关悦是该剧的制片人，同时也担任女主角。这是她第一次担任制片人，好多东西要学，很多工作要做，用她自己的话说：有点“心有余悸”，但也要“搏命”。“搏命”是一种怎样的执行力？

那是一种责任：对观众负责，对剧组负责，对自己负责；那是一种合作：与导演的合作，与演员的合作，与剧务的合作；那是一种勤奋：带病录制插曲，加班研究剧本，分析比较选择演员，风雨无阻录制外景……不找借口，不发牢骚，不讲条件，终于，在不到六个月的时间里，他们完成了32集连续剧的拍摄，电视剧赢得了首播第一天全国卫视排名第二，第二天开始数日蝉联冠军的骄人成绩。

著名领导力培训专家谭小芳老师认为，工作高效率一定是对既定计划目标的“刻意追求”，而这种“刻意追求”最重要的保证就是高度的责任心。

既然高度的责任心是工作高效率的重要保证，那么，我们如何提升责任心呢？

要提升责任心，着重从两个方面入手：一是端正工作态度，一是提升工作能力。

端正工作态度是增强责任心的核心。每个人都要强化责任心，改变自己是在为别人打工的想法，心态正确了，才有工作的动力。每一个职位都承担着一份责任。教师得对孩子的前途负责，医生得对病人的健康负责，公务员得对公民负责、对国家负责，产业工人得对产品负责、对消费者负责……一个人没有了责任，就会斤斤计较个人的得失，就会失去工作的热情，没有了热情，个人也就一事无成了。

青岛的一个商务代表团到韩国洽谈业务，代表团车队的先导车开得较快，就暂停在了高速公路的临时停车带，等待后续车辆。几分钟后，一对驾驶相同品牌跑车的年轻夫妇停靠过来，问代表团的同志，车辆是否出了什么问题，是否需要他们帮忙。原来，开车的男士正是这家品牌汽车集团的销售员，而代表团的车辆恰好是他们生产的汽车。

看完这个事例，相信每个人都会被这个销售员的责任心所折服。有了这样的责任心，也就有了崇高的敬业精神、严谨的工作态度。

第五章　学会沟通，积极合作

人生道路上，一个人单打独斗难免会势单力薄。作为一个普通人，我们应该深刻认识到合作的重要性。

团队的力量大于个人

台湾巨富陈永泰曾经说过：“聪明的人都是通过别人的力量去达成自己的目标。”美国商界大鳄洛克菲勒曾在信中鼓励儿子：“我所熟悉的富翁中，只靠自己一点一滴、日积月累挣钱发达的人少之又少，这其中的道理并不深奥，一块钱的买卖永远比不上一百块钱的买卖赚得多。”他鼓励自己的儿子，在奋斗的路上多结识一些志同道合的人，并与这些人一起奋斗。

一个人能够获得成功，一定是因为他有一个好的团队，换句话说，成功的人永远都不是一个人在战斗。

《三国演义》一书中，刘备原是中山靖王刘胜的后代，但刘备先祖犯律，家道中落。刘备父亲早亡，少年时，他与母亲以织席贩履为业，生活非常艰苦。

刘备15岁时，母亲让他外出行学，刘备与同宗刘德然、辽西公孙瓒一起拜原九江太守同郡卢植为师，公孙瓒与刘备结交为好友，公孙瓒比刘备年长，刘备将公孙瓒视作兄长。刘备身长七尺五寸，不爱说话，能善待下人，喜怒不形于色，喜欢结交豪杰。中山大商张世平、苏双等携千金，贩马到了涿郡，见到刘备，于是给其资助。

汉灵帝中平元年（公元184年），爆发黄巾起义，刘备此时认识了关羽和张飞。当时的刘备籍籍无名，还没有成名，但是他知道要闯出一番天地，必定要与对的人一起奋斗，于是他与关、张二人结为异姓兄弟。

刘备为人仗义忠厚，所以吸引了很多豪杰前来相助，头一批人便是赵云、徐庶。赵云是三国猛将，战力自不必说，他曾经七进七出，救刘备的儿子刘禅，而徐庶更是帮助刘备在早期的军事斗争中立于不败之地。

再后来，刘备又通过徐庶的介绍将诸葛亮招入门下，诸葛亮的到来让刘备如虎添翼。后来，刘备在诸葛亮等人的帮助下，招募了一大批将才，武将如魏延、马超、黄忠等，文士有与诸葛亮齐名的“凤雏先生”庞统。

刘备深知自己一人势单力薄，所以，他对人才从来都是来者不拒。作为一个帝王，刘备用人又有自己的特别之处。刘备对手下一群文武重臣都非常信任，他们既是肝胆两相照的君臣，又是相知相爱的朋友。比如对于赵云，刘备对部下说“子龙不弃我走也”，对于诸葛亮，刘备也对关张说过“孤之有孔明，犹鱼之有水也”。正是这些人帮助刘备登上皇位，建立蜀国。

从刘备的成功经历中我们可以看出，他的成功离不开他身边的文臣武将，他与关羽、张飞萍水相逢，却能够利用自己的豪爽性格将二人招入麾下；他与孔明素不相识，但通过徐庶这支人脉资源，他就得到了这位当时最有才气的谋士；他与曹操、吕布等人曾经是敌人，但在危难时刻，他却能够暂时地与他们化敌为友，将敌人的平台借为己用。

刘备的故事其实就是一个励志的故事，他告诉天下每一个平凡的人，无论你曾经多么平庸，只要你能够找到对的人，只要你能够借助别人的力量，那么，你肯定能实现自己的目标。

没错，单枪匹马不是勇武，更像是一种鲁莽和冲动。光靠自己的力量就好比是攥一只拳头，而懂得依靠团队力量的人，却是攥起数只甚至几十只拳头，两者之间如果较量一番，高下立见！

帮助别人就是帮助自己

战国时代有一个名叫中山的小国。有一次，中山国君设宴款待国内的名士，不巧的是，当时宴席上的羊肉羹分量不够，因此，在场的有些名士并没有喝到羊肉羹。

司马子期在这次宴席上没有喝到羊肉羹，因为这点小事，他怀恨在心。为了报复中山国国君，他竟然跑到了楚国，力劝楚王攻打中山国。

一直以来，楚国就是一个财力雄厚的强国，若说攻打中山，简直易如反掌。后来，中山国被攻破后，中山国王只好逃走，他逃走时发现有两个人手拿武器跟随着他，于是便好奇地问道："二位壮士从哪里来，为何紧跟在寡人身后？"

那两个人回答道："国王不必害怕，您曾经赐予过一壶食物给一个濒死之人，这个人因为您的恩赐才免于死亡，我们两个人正是他的儿子。父亲在临死前曾万般嘱咐我们，中山国若是有任何事变，我俩务必竭尽全力，誓死捍卫国王您的安全！"

中山国君听后，感慨万千地说道："原来，给予不在乎数量多寡，而在于他人是否需要。施怨不在乎深浅，而在于是否伤了别人的心。我因一杯羊肉羹而亡国，却又因一壶食物而得到两位勇士。”

从这个故事中，我们可以得出这么一个结论：帮助别人其实就是帮助自己。我们热情慷慨地对处于困境中的人伸出援手，得到我们帮助的人必然会将这些恩情铭记在心。就像故事中的中山国君那样，大方地赐予饥饿之人一壶食物，等到他面临亡国之灾时，昔日得到他帮助的人就会来帮助他。这大概就是人们常说的“善有善报”吧。做善事，结善果，我们在无意中储存的人情，往往就是留给自己的一条后路。

人是一种群居性的动物，没有谁能脱离一个群体而独立生存。原始部落的建立，也正是为了借助群体的力量去抵御外敌。正如人有五指，一根指头只能去戳戳别人，五根手指合在一起就能变成一个充满力量的拳头。团队的力量永远大于个人的力量。

意识到这一点之后，我们在平时的工作和生活中，就应该经常提醒自己帮助别人。

对于一个饥饿的穷人来说，一碗热气腾腾的白饭或是面条，就可能让他摆脱痛苦和绝望，从此奋发图强。

对于一个内心自卑的孩子来说，一句温暖友善的话语或是一个充满信任的眼神，就可能让他抬头挺胸地走出自卑的阴影，从此面对微笑，开始自己的新生活。

至于那些不愿意帮助别人的人，迟早有一天，他会变成一个孤独的人，当他面对困境时，也不会有人来帮助他脱离险境。

美国哲学家爱默生曾说：“人生最美丽的补偿之一，就是人们真诚地帮助别人之后，同时也帮助了自己。”真正聪明的人宁愿人们需要他，而不愿只是让人们感谢他。要知道，有礼貌的恳求心理比世俗的感谢更富有价值，因为心有所求，便能永世不忘，而感谢之辞从来都是过眼烟云，转瞬即逝。

当然，我们也不能抱着求回报的心态去帮助别人，把帮助他人当成是一件非常功利化的事情。人生在世，除了家人，每个人都应当有一些朋友，这些朋友可以在我们遭遇困境时给予我们鼓励。

诚信是人一生的财富

诚实守信是中华民族的传统美德，我们常说的“言必信，行必果”就是告诉人们要诚实守信。北宋文学家程颐也说过“以诚感人者，人亦诚而应”，一个人只有诚实守信，才能够获得别人的信赖。

所以说，诚信是影响人际交往的一个重要因素，一个讲诚信的人会拥有更多的朋友。

从前，有一位国王把国家治理得井井有条，人民安居乐业。国王的年纪逐渐大了，但膝下并无子女，这让国王很伤心。国王终于决定，在全国范围内挑选一个孩子收为义子，把他培养成自己的接班人。

国王选子的标准很独特。他给孩子们每人发一些花的种子，宣布谁如果能用这些种子培育出最美丽的花朵，那么谁就能成为他的义子。

孩子们领回种子后，开始了精心的培育。他们每天都给种子浇水、施肥，谁都希望自己能够成为幸运者。有个叫阿牛的男孩也精心地培育花种。但是，10天过去了，花种没有发芽。半个月过去了，还是没有发芽。一个月过去了，花盆里依然只有黑土。

苦恼的阿牛去请教母亲，母亲建议他把土换一换，但依然无效，母子俩束手无策。

国王决定的观花日期到了。无数个穿着漂亮衣裳的孩子涌上街头，他们各自捧着盛开着鲜花的花盆，用期盼的目光看着巡视的国王。国王环视着争奇斗艳的花朵与漂亮的孩子们，并没有像大家想象中的那样高兴。

忽然，国王看见了端着空花盆的阿牛。阿牛无精打采地站在那里，眼角泛着泪花，国王把他叫到跟前，问他："你为什么端着空花盆呢？"

阿牛哽咽着把自己如何精心照顾，但花种怎么也不发芽的经过说了一遍。最后，阿牛还说："这可能是报应，因为我曾在别人的花园中偷过一个苹果吃。"没想到，国王的脸上却露出了笑容。他把阿牛抱了起来，高声说："孩子，我找的就是你！"

"为什么是这样？"大家不解地问国王。

国王说："我发下的花种全部是煮过的，根本就不可能发芽开花。"

听完国王的话，捧着鲜花的孩子们都低下了头。

现代社会里，很多人为了利益而弄虚作假，然而，这只会毁了他们，最终，他们也只能像那些捧着鲜花的孩子们，由于弄虚作假而受到惩罚。

诚实是一种宝贵的财富，一个诚实的人一定会赢得别人的认同。生活中，诚实有时被看成是呆板木讷的代名词，然而，不可否认的是，大多数时候，我们还是喜欢同诚实的人打交道。

一位中国留学生从德国一所著名大学毕业后，雄心勃勃地想在德国找工作。他本来信心十足，认为凭自己的实力，他一定可以找到一份不错的工作。然而，他接二连三地碰壁，每次都是把简历递上去后就没了回音。

一次，他参加一家大公司的面试，结果，他连和老总面谈的机会都没有得到就被踢出局。他生气地大喊："你们这是种族歧视！"见状，面试的组织者连忙把他带到一个小房间，客气地说："先生，请您不要激动！您先看一下这个，就明白我们为什么不安排你见老总了！"说完，对方递给留学生一份材料，原来是这名留学生在德国三次逃票被抓的记录。

留学生不服气地说："难道就为了逃几次票，你们就不愿意用我？"对方严肃地回答："先生，德国的检票抽查率是万分之三，而您竟然三次被发现逃票。因此，我们不能相信你。"

不守信用，使这名留学生根本无法在德国立足，因为失去了信誉，他也失去了美好的前途。所以，无论在生活中还是在工作中，我们都要守信用。信用是我们成功的基石，是我们人生中一笔巨大的财富。

在现实生活中，讲信用、守信义是立身之道，它既体现了对他人的尊敬，也表现了对自己的尊重。一个守信用的人，走到哪里都会受人欢迎，不守信用的人只会处处受到人们的鄙弃。

是否守信用对事业成败也有巨大影响，有多少人信任你，你就拥有多少次成功的机会。

初出道的摩根先生成了一家名叫“伊特纳火灾”的小保险公司的股东。因为这家公司不用马上拿出现金，只需在股东名册上签上名字就可成为股东，这正符合当时摩根先生没有现金却希望获得收益的情况。

当时，有一家在伊特纳火灾保险公司投保的客户发生了火灾。按照规定，如果完全付清赔偿金，保险公司就会破产。股东们一个个惊惶失措，纷纷要求退股。

摩根先生却认为信誉比金钱更重要。他四处筹款，并卖掉了自己的住房，低价收购了所有退股的股份，然后将赔偿金如数付给了投保的客户。

一时间，伊特纳火灾保险公司声名鹊起。虽然已经身无分文的摩根先生成为保险公司的所有者，但保险公司却面临着破产。无奈之中，摩根先生打出广告，凡是再到伊特纳火灾保险公司投保的客户，保险金一律加倍。

出乎意料的是，客户很快蜂拥而至。原来，在很多人的心目中，伊特纳火灾保险公司是最讲信誉的保险公司，这一点使它比许多有名的大保险公司更受欢迎。

以诚待人是成大事者的基本做人准则。无论做人做事，我们都要讲“诚信”，养成诚实守信的习惯。

做事要有原则

《论语》中有这样一段对话：子贡问曰："乡人皆好之，何如？"子曰："未可也。"

"乡人皆恶之，何如？"子曰："未可也，不如乡人之善者好之，其不善者恶之。"

这段话的意思是：子贡问孔子，有一个人，乡里的人都喜欢他，这样的人怎么样？孔子回答："（这样的人）还不行。"子贡又问："又有一个人，乡里的人都厌恶他，这个人怎么样？"孔子回答说："也不行，最好是乡里的好人都喜欢他，乡里的坏人都厌恶他。"

如果一个人让所有的人都喜欢他，那么说明这个人是一个"逢人说人话，见鬼说鬼话"的人；如果一个人令所有的人都厌恶他，那么说明这个人做人有问题，不讨任何人喜欢。真正的好人应该做到，令好人都喜欢他，令坏人都对他避而远之。而这种人，也一定是原则性极强的人。

"乡人皆好之"者是没有原则的。这种人没有是非观，只懂得投人所好。他们巧舌如簧、八面玲珑；在领导面前，毕恭毕敬、惟命是从；在同事面前，和颜悦色，俨然一个“好好先生”。这种人从来就远离纷争，置身事外。一旦遇事，便欣欣然地做起“和事佬”，谁也不得罪。这种人或许能讨绝大多数人的欢心，但却无法让人产生信任。

那么，我们应该怎样做呢？首先，我们还是要坚持一些非常重要的原则。

1. 诚实守信。不论是做人还是做事，鱼无水不活，人无信不立。为人处事必须言出必行，一个经常失约爽信的人到头来可能会像那个喊“狼来了”的小孩一样，在关键时刻得不到任何人的帮助。

2. 不能损人利己，要多为他人着想。有人说这个社会遵循着最原始的“弱肉强食”法则，你对别人心软，别人就会对你狠心。这种想法其实谬误至极。社会竞争激烈是没错，但是，无论何时，我们做人必须有一条最基本的底线：不能为了自己的利益伤害他人。

3. 看淡小利，共谋大赢。我们把一些一毛不拔、贪图小利的人叫“铁公鸡”，他们将自己的利益看得比什么都重，所以事事锱铢必较，这样的人很难受到别人的欢迎。

4. 不逃避责任。我们作为父母的子女、子女的父母、朋友的朋友、老板的员工，父母需要我们尽孝、子女需要我们抚养、朋友需要我们帮助、老板需要我们努力，这些责任是我们无法推卸的。

做人、做事都要讲原则，没有原则、忘记原则、放弃原则，这都是很危险的。一个有原则的人才是最独特的，而这样的人才会受人欢迎，才会被他人所信任。

提高自己的沟通能力

在《圣经》中，人类合力建造了一座通天的巴别塔，梦想着重返上帝的伊甸园。上帝得知此事后，连忙想了一个好办法。他让人类分别使用不同的语言，目的就是为了让他们听不懂彼此所讲的话，如此一来，他们也就无法进行有效的沟通，想要登天的美梦自然就此落空。

从这个故事中我们可以看到沟通的重要性。人类社会是一个群体，没有人能够脱离这个群体而独立生存，每一个人都或多或少地需要和别人来往。不管我们从事什么工作，良好的沟通能力都是我们立足职场的必备技能。因此，对于每一位初涉职场的年轻人来说，懂得一点沟通技巧确实是迫在眉睫之事。

吴诚有一个宝贝女儿，名叫吴初晗。由于她是家中的独生女，夫妻俩从小就把她当作宝贝，简直是含在嘴里怕化了，捧在手心怕飞了。在这样的家庭环境中成长，吴初晗压根就不懂得察言观色，与人交谈总是喜欢直来直去，所以她常常得罪了人还不自知。

大学毕业后，吴初晗在一家报社做副刊记者，上班没几天，她就和办公室的同事闹僵了。大家纷纷排挤她，不愿意再和她一起共事。吴初晗下班回到家后，委屈地找爸爸哭诉，吴诚没有办法，只好打电话给一个学心理学的朋友，请教他该如何帮他的宝贝女儿闯过这个难关。

吴诚说，前几天，吴初晗的一个同事梁冰冰撰写了一篇人物稿，本来想请吴初晗帮忙润色一下，没想到吴初晗看过之后，觉得稿件中有许多语句读起来极为不通顺。于是，她当着办公室同事的面儿，直接就对梁冰冰抛出一句："冰冰，你这稿子连语句都不通啊，我怎么帮你改呢？这可连一个高中生的水平都赶不上啊！"

一听她这么说梁冰冰，性情耿直的同事替梁冰冰打抱不平，"吴初晗，你怎么能这么说话呢？"大家纷纷把矛头对准了吴初晗，指责她说话太过直接、不懂礼貌。

吴初晗本来毫无恶意，所以同事们的批评让她觉得非常委屈，正当她想反唇相讥时，报社主编突然走进了办公室，厉声询问发生了什么事儿。

他看了看红着眼睛的梁冰冰，紧接着又望了望咬着嘴唇的吴初晗，大声说道："小吴，虽然我不知道你们之间发生了什么事儿，但我相信小梁绝对是无辜的，八成又是你这张嘴惹人厌吧！"深谙吴初晗个性的主编没问事情的经过，就毫不留情地将吴初晗批评了一顿。

吴初晗的情绪彻底失控，她口不择言地朝主编吼道："你怎么不说是你管教无方呢？你不问青红皂白就说是我的错，未免也太不公平了吧！"

听完吴初晗的故事后，这位朋友笑着对吴诚说："同事梁冰冰请她帮忙润色一下稿子，她如果觉得稿子写得不够好，不妨委婉地告诉对方：‘这个地方如果这样写，会不会更好呢？’我想，任谁听了这样的话，都会心平气和地采纳她的建议。另外，面对老板的批评，身为下属，是绝对不能以硬碰硬的，她的抱怨非但不能解决问题，还会让老板对她产生看法。”

为了让吴初晗以后再也不被职场人际纠纷所困扰，朋友还在电话里向吴诚传授了一些有效的沟通技巧，希望他转达给吴初晗。

首先，认真倾听是建立沟通桥梁的开始，正所谓：“敬人者，人恒敬之；爱人者，人恒爱之。”不论我们多么渴望表达自己，都应该先聆听他人的心声。当我们显示出最大的诚意时，对方也会将心比心，给予我们理想中的回应。

不要小看倾听的作用，它能让我们对对方的兴趣爱好、文化水平、个人要求等详细信息了如指掌，一旦我们清楚了这些情况，就能采取不同的沟通方式投其所好，以免发生话不投机半句多的尴尬。

其次，沟通也要选择一个合适的场合，尽量挑对方心情好的时候与其交流，往往就能轻松地达到自己的目的。就拿吴初晗的例子来说吧，面对上司的指责，她不该在众目睽睽之下就对上司抱怨，何不事后再找机会跟上司解释整件事的来龙去脉呢？

最后，我们在和别人沟通的时候，务必真诚、友善且不伤人自尊。如果出语伤人，只会引发两个人之间的剧烈冲突，最后影响到各自的工作状态。

沟通能拉近人们的距离，对于身于职场的我们来说，我们必须与同事、客户建立良好的人际关系，掌握一些必要的沟通技巧就显得尤为关键了，它能让我们在工作上取得事半功倍的效果。

第六章　提高自己的能力

一个人的能力决定着一个人能够达到的高度。就算你拥有好运气、天赋，如果你没有真才实学，你顶多只会拥有一时的荣耀。因此，提高自己的能力，是我们获得成功的必由之路。

没有能力就没有竞争力

在工作当中，有的人能力突出，他们总是倾向于对高难度的工作发出挑战，这类人经常能够获得成功。而另一部分人则做事谨小慎微，对于那些极其困难的工作任务，从来不敢主动发起进攻，在他们看来，如果想要保住眼前这个饭碗，那么，最好还是乖乖地待在自己的“乌龟壳”里，免得日后被挑战失败带来的巨大挫败感伤得体无完肤。

王辰光是一所普通大学文秘专业毕业的大学生，毕业之后，她就在一家外资公司担任部门主管助理一职。至今工作已经好几年的她，在扣除五险一金后，每个月拿到手的工资大概有3000块。生性喜欢稳定的她，当初在选择工作的时候，总是将目光放在一些没有多大挑战性的文职工作上。

助理工作虽然容易上手，但是长久地做下来，也未免有些枯燥、单调和乏味。前一阵，王辰光突然给朋友可晨打电话，在电话里，她的声音显得格外低沉，“我真不知道自己还能坚持多久，虽然我现在对这份助理工作已经驾轻就熟了，可每天都干着同样的活儿，就跟天天吃一道菜一样，再这样下去，我迟早会发疯！”

作为朋友，听到王辰光说这些丧气话，可晨感到有些担心：“你是学文秘出身的，之前不是一直特别想要从事文职工作吗？好不容易积攒了这么些年的经验，你可不要因为一时的灰心丧气就放弃啊！”

王辰光深深地叹了一口气，说：“经验有什么用啊？在公司领导的眼里，我就是一块‘鸡肋’。我每天都会干一堆鸡毛蒜皮的小事，尽心尽力地为公司付出，可他们总认为我是一个可有可无的员工。”

说到这些，王辰光明显有点儿激动，于是，可晨连忙安慰她，“照你这么说，辞掉这份工作也未尝不是一件好事，既然你做得那么不开心，还不如另觅高枝，换一家好一点的公司，选一个好一点的职位，重新开始。”

“唉，我工作了好几年，一直干的是文秘，要想换一个行业重新开始，恐怕难于上青天啊！”王辰光感觉自己现在是进退两难，进一步是万丈悬崖，退一步是无边暗谷。

其实，像王辰光一样沦为“鸡肋员工”的职场人士并不在少数。其中大多数的人还将这份让自己饱受煎熬的工作视为安身立命之所，尽管他们感觉现在的工作已经毫无趣味可言，却始终不敢迈出勇敢的一步。

这样做的结果是不言而喻的：他们的精神状态肯定会一日不如一日，在公司的每一分每一秒都将变得度日如年，除了紧张、厌倦以及无可奈何之外，他们根本感受不到任何工作的快乐。

我们若想获得成功，首先就要努力学习，提升自己各方面的能力。一味地埋首在繁琐的日常事务里，等我们抬起头来的时候，远方除了一片阴郁的暮色之外，压根就寻不到一丝光明。我们应该腾出一点儿时间来独立思考，抓住一切机会学习充电，竭尽全力地提高自己的核心竞争力，最后成为一个领域的精英人才。

第一，为自己设立一个高标准，认真对待工作中的每一件事。高标准的要求才能产生高质量的成果，当我们力求尽善尽美，把自己的分内工作做好时，我们成长的速度会更快，从中收获到的经验也会越多。

第二，把公司最优秀的同事当成自己学习的目标。初入职场，我们要向出色的前辈看齐，时时刻刻把他们看成自己学习的榜样以及竞争的对象，只有这样，我们才能更快地成长。

第三，永远保持不断挑战自我的信念。我们如果不愿意像软弱的绵羊一样终生吃草，就得拿出狼一般的进取精神，鞭策自己不断进步。

克服拖延的坏毛病

很多人都有这样的习惯：当手头上有任务时，都不会尽快地完成任务，假如截止时间是下个月初，他们就会等到月底的时候突击完成任务。这种习惯被人称为“拖延症”。

拖延症的危害毋庸置疑，中国有句老话叫“临时抱佛脚”，这临时一抱，成效能有多大呢？有的事情或许两三天就能完成，但是有的事情需要一点点的积累才能完成。如果妄想用两三天的时间去完成半个月的任务量，那么，即使任务是完成了，又有谁能够保证任务完成的质量呢？因此，在工作中，我们必须克服拖延症。

那么，该如何克服拖延症呢？

首先，从心态上来说，很多人将一件事情拖到最后去做是因为他们觉得自己暂时没有太大的动力去做，很多人在面对工作时很被动，尽管他们知道这件事情是必须要做的，但是，他们总想着“下一分钟”再做。

所以，要想克服拖延症，就必须变“必须”为“愿意”，一个人只有有强烈的意愿去做的时候，才会立刻将这件事情提上日程。当你告诉自己你必须做某件事的时候，你其实就是在暗示自己你是被迫去做这件事，所以，你自然而然地感到厌恶并抵触。正是因为这种不愉快的感觉，你选择了“拖延”。如果你的任务有一个最后期限，那么这个期限越近，这种不愉快的感觉就越强烈。如果你还不立即开始工作，那么这种不愉快感将不断增强。

从对待工作的心态上来讲，很多人在完成一项重要任务的一个环节后，就会觉得自己的工作可以暂时告一段落了，即使是只完成了十分之一，他们内心里也会觉得毕竟是完成了一部分，这种心态其实加剧了拖延症。所以，要克服这种心态，就必须要变“完成”为“开始”，就像一名马拉松运动员一样，只要没有跑到终点，即使离终点不到一百米了，那这份工作也只是刚刚开始而已，抱着这种态度，能够让自己以更好的精神状态来迎接后面的任务。

其次，从行动上来讲。拖延症并不是从一开始就有的，很多人都是在工作过程中发现任务艰巨、短时间内难以完成或者完成无望时，才会开始拖延。所以，要想克服拖延症，就必须提高自己的执行力。

最后，从计划上来讲，很多习惯拖延的人都缺乏一套行之有效的时间管理机制。

在职场上，时间万分宝贵，有些特殊的工作更是需要我们争分夺秒。如果没有一套有效的时间管理机制，那么，我们工作时就会像是一只无头苍蝇一样乱撞。

那么，我们又该如何来建立一套行之有效的时间管理机制呢？我们在干每一件事情之前，要先弄清楚事情的轻重缓急，然后根据轻重、主次来分配时间，这样一来，我们办事情的效率就会提高。

提高自己的专业技能

加拿大畅销书作家麦尔坎·葛拉威曾在《异数》一书中指出：“人们眼中的天才之所以卓越非凡，并非他们天资超人一等，而是他们付出了持续不断的努力。只要经过一万小时的锤炼，任何人都能从平凡变得非凡。”这就是所谓的“一万小时定律”，不管身处哪行哪业，只要我们不断提高自己的专业技能，始终坚持学习，总有一天，我们能将自己打造成所在领域的专家。

每个人在踏入职场的时候，都幻想着自己的工作能一帆风顺，最好在短时间内就能加薪又升职。可时间一长，我们却悲哀地发现，这一切不过都是自己的痴心妄想。忙忙碌碌好些日子，非但没有升职加薪，反而成为职场里默默无闻的一员。眼看着身边的同事一个个工资轮番上涨，一个个职位晋升不断，机会还是没能垂青自己。最让人感觉郁闷的是，有些同事明明处处不如我们，却总是备受老板器重，面对此情此景，我们难道不应该质问一句：“究竟是哪里出问题了？”

正所谓术业有专攻，与其停在原地哀叹自己的命运，我们还不如多花一点心思提高自己的核心竞争力。

著名作家池莉曾说："人生可做的事情很多，但世上不知有多少聪明人一生都没有做好一件事。"这句话告诉我们，一个人不可能什么都会、什么都明白，因此，我们要做自己最擅长的事情，只要在一个领域成为专家，我们就能在职场立于不败之地。

曾阅之在一家大型教育机构工作十几年了，论年龄，他在公司应该排行老大，虽然他已近退休，却仍然稳坐教育总监的位子，一直享受着优渥的待遇。而这一切都要归功于十几年来他自己超高的教学水平。

大学毕业之后，曾阅之在国企工作了一段时间，可是好景不长，他所在的国企面临着改制，许多职员都被迫下岗了，曾阅之也是其中一员。下岗后，在一位朋友的推荐下，他去了一家刚刚成立不久的教育机构担任培训老师，工作轻松简单，薪资待遇也还算不错。

可是时间一长，看着一拨拨大学生、研究生进入公司，有些工作能力突出的年轻人甚至比他这位前辈还更早坐上了管理岗位，曾阅之越来越觉得自己的工作没有多大前途。他非常担心，一旦自己的教学方式赶不上时代变化的脚步，公司完全可以找一个学识渊博、上课富有激情的年轻人来代替自己，到时候，尽管他有着超长的工龄，恐怕也难逃被裁员的命运。

曾阅之的担忧确实不无道理，随着时代的进步，人们的观念自然不同于往日，在孩子的教育方面，许多家长几乎都抱着"望子成龙，望女成凤"的想法。

为了让孩子能够在最短的时间内学习到更多有用的知识，传统的“老师为主，学生为辅”的教育理念显然已经过时了，取而代之的是“趣味教学法”，因此，教育机构的培训老师不得不绞尽脑汁让自己的课堂变得有趣起来。

有了这种危机感之后，曾阅之开始搜罗各类书籍，教育学、教育心理学、教学技巧外加各类专业书籍全在他的自学范围之内。在他看来，唯有把自己打造成教育行业的专家，他才能从容地面对工作中的任何问题。当他可以娴熟地驾驭课堂之时，学生和家长必定会对他信任有加，公司的领导自然也会对他予以重任。

通过多日的勤学苦练，曾阅之终于在实践中摸索出一套独具特色的教学方法，腹有诗书的他，现在即使不看教案，也能于谈笑间出口成章。不仅如此，面对不同学生的不同问题，他都能够因材施教，灵活地运用专业知识，给予有效的指导。久而久之，他所教授班级的学生，在思维的活跃程度、学业成绩、学习能力等方面都比其他班的学生高出一筹。

凭着这身本事，曾阅之才坐上了教育总监的位置，直到现在，他的教学方法还被用来培训新老师。

在职场当中，我们应该提高自己的专业技能，并在清晰的职业规划下，坚定地朝自己的目标走去。打个比方，假若我们是老师，就要不断地丰富自己的学识，提高自己的教学技能；假如我们是医生，就要努力地提高自己的医术；假如我们是飞行员，就要锻炼自己的飞行技能，使得安全指数达到最高。一旦把自己打造成所在行业的专家，我们就等于在竞争激烈的职场拥有了自己的核心竞争力。

学会做一个问题终结者

工作就是解决问题，这是许多管理学大师经常挂在嘴边的一句话。这句话道出了工作对员工的要求。没错，企业需要的是能够解决问题的人，而不是一个碰到问题只知道逃避的人。

汪民良大专毕业之后，就被一家刚成立不久的小公司招入门下，成为人事部的一名小兵。和公司的其他同事相比，虽然他的学历不是很高，但他性格随和，从不轻易和人起冲突，因此，同事们都十分乐意和他打交道。

光阴似箭，日月如梭，汪民良在这家公司一干就是三年，当初和他同时进公司的同事，大部分都选择跳槽另觅出路，还有的因为工作能力特别突出被老板提拔为管理干部；新同事则如雨后春笋，一茬又一茬地涌进公司。唯独他三年来始终如一日地驻扎在这个岗位上，每天都踏踏实实地做着自己分内的那点活儿。

要是放在前几年，汪民良的忠心老实绝对是最受领导喜爱的，毕竟那时候公司正处于刚开始创业的阶段，一来资金不够雄厚，二来也是急需用人之际，倘若员工的流动性太大，这对于公司的发展来说只会是百害而无一利的。因此，每次公司领导召开全体员工大会，都会对汪民良进行一番表扬，号召其他同事把他当作工作上的榜样，像他一样专注地工作，心无旁骛，从无二心。就这样，汪民良在一群年轻同事的眼中，理所当然地成了“忠臣”式的老员工。可是随着时间的流逝，公司也在渐渐地发展壮大，汪民良虽然一如既往地坚守在自己的岗位上，但他在工作上的表现实在是没有丝毫长进。

不管公司领导交代他一个什么任务，他从来只挑轻松简单的部分干，余下的部分全部留给其他新来的年轻同事。久而久之，这种逃避问题的鸵鸟做法最终还是引起了年轻同事们的诸多不满，大家纷纷向公司领导投诉这位老前辈。

刚开始，公司领导并不是特别在意下属之间的这些小纠纷，总觉得汪民良曾是自己多次表扬的好员工，实在是犯不着为这点儿芝麻绿豆的小事将他狠批一顿。

于是，公司领导选择站在老员工汪民良这一边。可是好景不长，在不久后的一次公司会议上，汪民良的表现让一直都支持他的公司领导大失所望。

在会议上，公司的领导问在座的诸位同事，有哪一位能自告奋勇地接下他手里这项比较棘手的工作任务。领导此话一出，全场顿时鸦雀无声，几乎所有的人都悄悄地低下了头，大家都不敢直视老板的眼神，生怕自己不幸被老板相中，最后被迫接下这烫手的山芋。

低头的人当中，自然也有被公司老板誉为“忠心耿耿”的老员工汪民良。眼见无人敢毛遂自荐，公司老板顿时火冒三丈，他指着垂首不语的汪民良问道：“民良，你可是公司最为忠诚的老员工。既然大家都不愿意接下这个活儿，你是不是应该身先士卒，为大家树立一个好榜样？”年轻的员工不肯接下这麻烦的工作，尚且还说得过去，若是连汪民良也不愿意为他排忧解难，那么，他根本再没必要留下这个懦弱无能的逃兵。

“老总，这件事儿实在是太棘手了。我的能力有限，怕是难以担此重任，万一没有把这项工作处理好，给公司造成了重大损失，我于心有愧啊！”汪民良这看似自谦的一番话，表面上听起来合情合理，实则透露了自己的真实心声。

其实这么多年以来，汪民良之所以在原地打转，没摊上任何加薪又升职的好事儿，归根结底，还是因为他在工作上并没做出任何拿得出手的业绩。

后来，在金融危机的影响下，公司被迫辞退一批员工，同时还不得不给一部分工作表现稍微逊色一筹的员工降薪。汪民良虽然是一个资历深厚的老员工，但他的逃避和不作为让公司老板痛下“辞”心，老板宁愿多花一点精力去培养一批年轻、有干劲的新员工，也不愿意在他身上再多花一分钱。

现代企业讲究的是效益，再能干的老板也无法一力承担所有的工作。因此，一个合格的员工必须直面工作中的问题和麻烦，誓做一个“问题终结者”。

面对职场上的麻烦，我们要做的应该是时刻保持清醒的头脑和冷静的心态，并且不断地暗示自己，它们其实是乔装而来的发展机遇。当我们把问题彻底地终结之后，机遇才会揭掉身上的面纱，与我们尽情地拥抱在一块。

第七章　主动担责，担当让你离成功更近

真正有责任感的优秀员工，会很自然地将自己当成企业的主人。只要是和公司利益有关的事，他们会很负责地去办好。于是，他们也就自然而然地成为领导最信任的人。

担当多一点，能力强一点

一般来说，企业的发展遭遇瓶颈时，正是企业的生死时刻，也是考验每个员工的时刻。如果员工能在这时候挺身而出，帮助企业渡过危机，那么，这个员工也就成了领导心目中最值得重用的人。

企业能渡过危机，离不开骨干员工在关键时刻的挺身而出。在别人畏畏缩缩的时候，他们敢于担当，解决各种难题，打开工作的新局面……当然，这些人在关键时刻能帮助企业转危为安，也就意味着他们不仅会成为老板的左膀右臂，而且还可以给团队带来利益，引领企业的发展与进步。可以说，企业发展与成长的过程，也是他们自身成长和发展的过程。

一位投资商投资兴建了一家海洋馆，由于成本较高，海洋馆门票设为50元一张，但是这个价位相对来说有些偏高。开馆一年后，生意越来越冷清，实在坚持不下去的投资商只能“忍痛割爱”，把海洋馆低价转手给他人。新主人接手后，开始苦思经营之道，还在电视和报纸上发广告，征求能使海洋馆起死回生的好方法。

这时，海洋馆新上任的一位检票员对老板说，她有一个办法可以试一试。于是，老板按照她说的方法进行尝试，一个月后，来馆参观的人天天络绎不绝，生意越来越好。这些游客中大约三分之一是儿童，三分之二是成人，因为那位检票员的方法是：儿童免费参观。

也许有人会说，企业的事又不是我自己的事，即使我不做，也会有别人去做，我干吗要去担这份责，做吃力不讨好的事？这种想法会阻碍你的行动。为企业工作也是在锻炼自己。越是艰难的时候，越能考验一个人的能力。如果你没有敢于担当的勇气，你的能力就永远不会提高。

有些员工认为天塌下来有领导顶着，自己一个无名小辈，谁会相信自己呢？但事实上，在战场上冲锋陷阵的不可能是将军，他们要行使指挥职能。越是普通士兵，越需要具备一流的战斗力。因此，不要犹豫徘徊，要大胆表现自己。当你心里有一些想法时，不要犹豫和徘徊，你应该信心十足地说：“我可以表达自己的想法吗？”“让我来试一试吧！”“我相信我能做好！”

在关键时刻冲上去需要勇气和魄力。因此，我们在平时就要锻炼自己这方面的能力。

1. 具备适当的冒险精神

香港靓美服饰集团的老板苏永风说：“冒险精神是生命中一项重要的元素，不要将之埋没，而要适当地运用它，因为你会发现它原来是一项前进的推动力。”经营企业本来就像在大海中行船一样，随时都可能遇到风浪。缺乏冒险精神的人往往会因为胆怯而被束缚住手脚，缺乏主观能动性，缺乏创新手段。如果不敢放手去干，不能果断地应对各种突发事件，就会贻误企业发展的关键时机。

2. 关键时敢于表现自己

领导都赏识关键时刻能帮助他们解决实际难题的员工。这些关键时刻大多是企业面临考验的时刻，只要你愿意，此刻就是你表演的舞台。比如，当企业快被客户拖欠货款压垮的时候，销售员就应当仁不让，设法催要货款；如果你具备谈判能力，当企业在贸易谈判中处于不利地位时，你就要在谈判中展示你的才能。

一个聪明的员工善于利用自己的优势，牢牢抓住机遇。如果你具备解决问题的能力，但是却缺乏勇气和魄力，每到关键时刻就犹豫不决，那么，你就等于把大好的机会拱手送人。

只找方法，不找借口

在美国，有一所全球著名的军事学校——西点军校，西点军校成立两百多年以来，共培养出了三位总统、五位五星上将、几千名将军以及无数的社会精英。美国前总统罗斯福曾说：“整整一个世纪，全国没有一所学校能够像西点这样，在我们的民族最伟大公民的光荣史册上写下如此众多的名字。”

不仅如此，作为一所军校，让人难以置信的是，西点军校培养出的毕业生不仅在军事界取得卓越的成绩，他们在商界也有不凡的成就。例如大名鼎鼎的可口可乐、通用公司、杜邦化工的总裁都毕业于西点军校。美国商业年鉴的资料显示，在世界五百强企业里，毕业于西点军校的董事长居然有一千多名，副董事长有两千多名，总经理、董事更是不计其数。

那么，西点军校的背后到底隐藏着怎样的秘密呢？归纳成一句话，那就是“没有任何借口”。西点军校有一个口耳相传的悠久传统，每当学员遇到军官问话时，只能有四种回答：“报告长官，是！”“报告长官，不是！”“报告长官，不知道！”“报告长官，没有任何借口！”除此之外，不能多说一个字。“没有任何借口”不仅只是一句话，它体现出一个人负责、尽职的精神，一种服从、诚实的态度，一种无可挑剔的执行能力。正因为西点学子一直贯彻这一重要的行为准则，所以，在任何一个团队里，西点学子都表现出了良好的团队精神和合作能力，他们具有强烈的责任心、荣誉感和纪律意识，自信、诚实、主动、敬业，仿佛就是西点学子的代名词。

当年，巴顿穿过战乱区，举步维艰地将书信送给了豪兹将军，在现在看来，这仍然是一件不可思议的事情。如果不是秉持着“没有任何借口”这一个最重要的行为准则，巴顿是不可能完成任务的。

1916年，伟大的巴顿将军是美国墨西哥远征军总司令潘兴将军的副官，他在日记中详细叙述了这次送信的经历：

“有一次，潘兴将军给我派了个任务，他命令我去给豪兹将军送信。但是，据我了解的情报，豪兹将军已经通过普罗维登西区牧场。天黑前，我马不停蹄地赶到了牧场，正巧碰到第7骑兵团的骡马运输队。我向他们要了两名士兵和三匹马，顺着这个连队的车辙前进。没有走多远，又碰到了第10骑兵团的一支侦察巡逻兵。侦查队长告诉我们太危险了，前面森林里到处都是维利斯塔人，劝我们不要再往前走了。我思考了一会儿，决定继续沿着峡谷前进。后来，我们在途中又遇到了费切特将军指挥的第7骑兵团和一支巡逻兵。他们又劝我们不要往前走了，因为峡谷里到处都是维利斯塔人。听到他们的话，我想过要放弃，但是服从命令是军人的天职，任何借口都不能解释为什么无法完成任务。我们就这样边走边问，一直前行，最后终于找到了豪兹将军。”

在我们的生活和工作中，一些员工总是把各种各样的借口挂在嘴边。一旦做不好某些事，或者不想做某些事，他们总是能想出一些“合情合理的解释”来安慰自己。做学生的时候，上学迟到了，会有“睡过了”“闹钟坏了”“下雨了”等诸多借口；上班后，业绩惨淡，会有“运气不好”“制度不行”或“我已经尽力了”等借口。事情做砸了有理由，任务没完成有理由。只要你愿意找，借口到处都是。完成不了当初的目标，做不好眼前的事，无数的借口在那儿声援你、支持你，抱怨、推脱、自怨自艾、愤世嫉俗成了最好的自我解脱。

有人曾说，借口就是一张敷衍别人、原谅自己的“挡箭牌”，就是一个掩饰弱点、推卸责任的“万能器”。不去寻找解决问题的方法，而一味地把宝贵的时间和精力放在了如何寻找一个合适的借口上，是一件可悲可怕的事情。当一个人想着去找借口时，结果已经很明显了，他必定失败。

大庆油田的“铁人”王进喜曾经说过这样一句话：“有条件要上，没有条件创造条件也要上，只要再活二十年，拼命也要拿下大油田。”在当时大庆的恶劣环境下，他完全可以找出许多借口来拖延建设大庆油田的脚步。可是，他根本没有找半点借口。他将全部精力用在工作上，率领钻井队，以压倒一切敌人而决不屈服的英雄气概，自力更生，艰苦奋斗，终于为祖国和人民提前献出了一个石油滚滚的大庆油田，把外国人炮制的“中国贫油”的帽子甩到了太平洋里，创造了震惊世界的奇迹。“铁人”王进喜的豪言和壮举正是“没有任何借口”的绝好写照。

勇敢地承认自己的错误

曾经看过一个趣味性的调查报告，报告指出美国人心目中最恐惧的事情，第一是死亡，第二是演讲。如果说恐惧死亡是人之常情，那畏惧演讲未免让人感到有点儿不可思议。很多人不禁会问一句，在公众面前演讲有那么难吗？为什么它能成为美国人心目中最为恐惧的事情之一，并且与死亡并驾齐驱呢？

其实，美国人并不是害怕在公众面前演讲，大多数人恐惧的应该是自己在演讲台上会不小心犯错，到时候下不来台。自尊心太强的人，通常脸皮都比较薄，如果他们一不留神犯了一个小错，就会认为世界末日快要到了。难道事情真的有美国人想的那么严重吗？当然不是，十个曾在公众场合演讲过的人，其中就有九个有说错话的经验。

常言道：“智者千虑，必有一失。”在工作中，一个人即使再聪明，工作能力再出色，也难免会有失误的时候。犯错并不可怕，掩盖错误才可怕。一些人的责任意识相当薄弱，他们在犯错后，第一反应是为自己的错误寻找借口，推卸原本属于自己的责任。久而久之，他们就会养成遇事逃避、爱找借口的习惯。

有一只可爱的小猫咪，从来不肯承认自己会犯错，每一次失误它都会寻找各种各样的借口。有一天，它去抓老鼠，可是却不小心让老鼠跑了，于是它说："这只老鼠又瘦又小，吃起来也没多少肉，我先放它回去，让它长几天再说。"

又有一天，它去抓鱼，谁知，一不小心，鱼儿溜走了。它没抓到鱼儿，同伴们都嘲笑它，它争辩说："你们笑什么笑，我又不是想抓鱼儿，只不过刚好想洗脸，借一下鱼儿的尾巴罢了。"

后来，大家都知道它喜欢找借口掩饰错误，所以，伙伴们也不太愿意和它在一块玩。一天，小猫咪又在河边抓鱼，突然脚底一滑，一下子掉到了河里。同伴们看见了，都为它感到着急，大家伙聚在一块，商量着该怎么把它救上岸。

谁知，它明明不会游泳，却还嘴硬："我怎么会掉到河里呢？你们别傻了，我是故意跳到河里洗澡的，你们这群邋遢鬼不会懂的！"话音刚落，小猫咪就沉下去了。

故事中的小猫咪第一次没抓住老鼠，为自己寻找借口，伙伴们或许还会相信，可它接二连三地犯错，再好的借口也只不过是为了掩饰自己所犯的错误。从长远来看，掩盖错误的后果其实非常严重，最后甚至因此丢掉了宝贵的性命。

每一个在职场中打拼的人，都不能像故事中的小猫咪一样，总是为自己的失误寻找借口。要知道，人无完人，在工作中，谁都可能会犯错，这并不是一件丢脸的事儿。犯错之后，我们应该主动坦诚自己的错误，并及时采取措施，以将损失降到最低。

喻洲名是一家化妆品公司的销售员，有一次，他请一个客户在餐厅吃饭，本以为能顺利谈成这桩大生意，可谁知他最终还是铩羽而归。

原来，和他一起吃饭的客户是一个非常注重个人形象的人，而刚好喻洲名那天穿了一身休闲装，客户觉得喻洲名一点儿也不稳重成熟，因此，客户没有和他签合同。

如果换成其他的人，或许会觉得客户实在太挑剔，可喻洲名觉得这次之所以没有顺利留住这位客户，责任全在自己，一个人的衣着服饰确实能反映一个人的个性和品位。他不该穿得那么随便去和客户谈生意，毕竟那也算是正式场合，穿得太休闲，客户也就没有办法感受到他的诚意，更别说信任他了。

有了前车之鉴之后，喻洲名再也没有被同一块石头绊倒过。每次和客户谈生意，他一定会西装革履，就连脚上的皮鞋也擦得锃亮。每位客户见到他，对他的第一印象都特别好，一个月后，他终于拿到了好几个大订单。

喻洲名正是因为勇于承认错误，善于从错误中吸取经验和教训，才成功地走出失败的窘境，开启事业的新篇章。

犯错对于职场中人而言并不可怕，真正可怕的是为了推卸责任而掩盖错误。我们若想成为一名优秀的员工，就必须勇敢地承认自己的错误，肩负起自己的责任。

紧抠细节，对事情负责到底

古英格兰有一首著名的名谣：“少了一颗铁钉，掉了一只马掌；掉了一只马掌，丢了一匹战马；丢了一匹战马，败了一场战役；败了一场战役，丢了一个国家。”

这首名谣说的正是这样一个故事。

1485年，英国国王查理三世准备和里奇蒙得伯爵亨利率领的军队决一死战。战斗开始的当天下午，铁匠在给战马钉掌时，因为少了一颗钉子，他就敷衍了事，没有把最后一只马掌钉牢。

当两军对战之时，查理国王冲锋陷阵，“冲啊！”他高喊着，率领队伍向前冲去。眼看就要获胜，可是查理国王的战马马掌突然掉了，战马和国王摔倒了。士兵们眼见国王落马，一时士气低迷，纷纷转身撤退。

于是，亨利率领的部队迅速地围了上来，俘获了查理国王，江山从此易主。

从这个故事中，我们可以看出，一颗小小的铁钉就能引发连锁反应，导致一个王国的覆灭。由此可见，细节决定成败。

小事都做不好，焉能做大事？很多能力出众之人之所以职场失意，常常是因为他们忽略了工作中的一些小事。

孙润和杨佳是同一天进公司的两位实习生，她们都有着为期一个月的实习期，实习考核过后，公司会在她们两个人中间选择一个留下。

两个年轻的女孩都想获得这个职位，所以她们工作都十分卖力。孙润是一个随性的女孩，做事往往不拘小节，她的办公桌永远是全办公室最凌乱的，上面堆满了文件之类的东西。虽然她的工作能力非常不错，但是每当公司领导找她要重要文件时，她总是在自己的办公桌上找半天。

相较于孙润，杨佳就要显得稳重多了。她的工作能力虽然不及孙润，但她做起事情来总是谨慎有序。并且，她的办公桌上永远都是那么整齐、干净和有序。

一个月过后，公司终于做出了决定，他们对孙润这一个月的工作表示感谢，但是他们觉得杨佳才是最适合公司文秘岗位的那个人。

孙润最后之所以输给了杨佳，原因就在于她的细节没有做到位。通常，在公司领导的眼里，办公桌的整洁程度和一个人的工作效率是成正比的。办公桌上堆积如山的文件和报告会让人在还没开始工作的时候就已经疲惫不堪，凌乱的办公桌在无形中冲淡了一个人工作的热情和积极性。同时最为关键的一点是，当领导和同事们急需一份文件的时候，我们无法在最短的时间内从混乱的办公桌上找到这份文件，最后就只能耽误别人宝贵的时间，间接地影响他们的工作效率。

其实，保证办公桌的整洁和有序只是工作中要注意的细节之一。当然，我们所说的关注细节、对工作负责，并不只是简单地保持工作环境的整洁，而是指我们对工作中的任何细节都要注意。

程君在一家大型办公用品公司工作，她的职责是负责售后调查，将客户的一些意见反馈给公司。

有一次，主管交代她与一家经常合作的公司联系，调查对方对最近一批商品的满意度。这家公司程君之前已经联系过多次，每次得到的回复都是“还可以，比较满意”。

当时程君手上恰好有一份报告要完成，于是，她就忘了这件事儿。等到月底的时候，主管突然提起这个事情，她一下慌了神，抱着侥幸心理的她，自作主张地在调查表上写下了“对方觉得十分满意”这样的话。

原本以为自己能够蒙混过关，但接下来的事情却让程君始料未及。因为这家公司第二天就打电话过来，说程君她们公司上次提供的货物出现了一些次品，需要调换，并说可能不再与她们公司继续合作了。

面对这样的事情，主管第一个找的就是程君。当了解到程君并没有打电话调查时，主管表现得非常生气。他批评程君没有责任心，对公司造成了非常恶劣的影响。事后，自觉理亏的程君只能选择了自动离职。

其实，这样的事情完全是可以避免的。假如程君能够认真对待自己的工作，把自己的工作负责到底，那么，完全有可能弥补自己的过错。

我们要想做好自己的工作，就一定要注意细节，秉持对工作负责到底的态度，让自己成为一名负责任的好员工。

在小事上多花一点心思，才能在以后的大事上有所作为。年轻人一定要明白，任何小事日后都有可能成为决定我们锦绣前程的大事。因此，我们平时在工作中一定要注意细节，千万不可因小失大。

第八章　扛住压力，时间会带给你一切

在通往成功的道路上，压力无处不在。我们要扛住压力，让自己永葆斗志，只有这样，我们才能看到希望。

人生不怕起点低

每个人的出身不同，有的人一出生便含着金钥匙，衣食无忧；有的人出身贫寒，历尽磨难。一些悲观的人认为，出身会影响一个人一生的命运，因为他们觉得，出身代表着人生的起点，起点都比别人低，又怎么能爬上比别人更高的位置呢？

其实，人生的起点并不能决定人一生的命运。纵观当今各界成功人士，大多数人的起点都非常低。演艺界的周星驰、成龙、周润发、刘德华等，曾经都是混迹在街头巷尾的无名小卒。工商界的鲁冠球、刘永行兄弟、潘石屹等，曾经都是出身农村的穷小子。只因心中那希望之花永不凋谢，只因那胸中的激情之火从不熄灭，他们一步步爬上了事业的颠峰。

李嘉诚这个名字现在可谓如雷贯耳，但他曾经也有过一段不堪回首的心酸往事。回忆往事，他这样说：“我13岁时父亲得了肺病，我照顾他，后来发现我自己也得了肺病，早上咳血，晚上盗汗，我买来医书自己看，没有人教我怎么治这种病，我也不告诉任何人，连妈妈都不知道我得了肺病。那时我每天还要安慰父亲，父亲去世后，我14岁就挑起了家庭重担。当年真的是很苦，一条毛巾又洗脸又洗澡、用上两三年才能换。但是，即使在那样艰难的情况下，我也没有向别人借过一毛钱。直到后来开始做生意，我才向人借了四五万块钱。我觉得吃过苦好啊……”

请记住这样一个数据：全球有80%的亿万富豪出身贫寒，他们白手起家，努力奋斗，才赢得了令人羡慕的财富和名誉。

新东方的董事长兼总裁俞敏洪曾经也是一个穷小子，他三次参加高考，才跳出“农门”。大学期间，他几乎没有自信地发表过自己的见解，没有参加过任何一次学生活动，没有主动交往过女生……在大学师生眼里，俞敏洪曾是北大“最不应该成功的人”。

2007年，作为成功企业家中的楷模，俞敏洪被央视“赢在中国”栏目组请去当评委。面对那些年轻的创业面孔，俞敏洪来了一次激情澎湃的即兴演讲：

“当你是地平线上的一棵小草时，你有什么理由要求别人在遥远的地方就看见你？即使走近你了，别人也可能会不看你，甚至会无意中一脚把你这棵草踩在脚底下。当你想要别人注意的时候，你就必须变成地平线上的一棵大树。人是可以由草变成树的，因为人的心灵就是种子。你的心灵如果是草的种子，你就永远是一棵被人践踏的小草。如果你的心灵是一棵树的种子，就算被人踩到了泥土里，早晚有一天你也会长成参天大树。”

俞敏洪的话告诉我们一个简单的道理：人生不怕起点低，如果你身处底层，在遭受无视甚至蔑视时，最好的应对方式是心怀高远之志，并坚持付出努力，总有一天，你会实现自己的梦想。

坚韧性格铸就幸福人生

有一部著名的美国电影叫《肖申克的救赎》，电影讲述的是年轻的银行家安迪因被判决谋杀自己的妻子，被送往美国的肖申克监狱。遭受冤屈的安迪外表看似懦弱，但内心坚定，从进监狱的那天开始，他就发誓自己一定要离开这里。他在监狱里遇见了因失手杀人被判终身监禁的摩根·费曼，两人很快成为好友。肖申克监狱当时是美国最黑暗的监狱，典狱长利用罪犯做苦役，为自己捞了不少好处。狱警对囚犯乱施刑罚，甚至将囚犯活活打死。

面对如此险恶的环境，安迪没有自甘堕落，他办监狱图书室，为囚犯播放美妙的音乐，还利用自己的知识，帮助大家处理财务问题。典狱长很快发现了安迪的特长，让他帮助自己洗黑钱。在暗无天日的牢笼中，安迪从未放弃过对自由、对美好生活的追求，他每天用一把小鹤嘴锄挖洞，然后用海报将洞口遮住。用了20年的时间，安迪成功地逃出监狱，并最终让典狱长被绳之以法。

安迪在恶劣的生存环境下，竟然能够一直朝自己的目标努力，最终越狱成功。如果一个人拥有这样的毅力，想不成功也难啊。

坚韧不拔的毅力是所有成功者的共同特征。无论处境怎样，任何苦难都不会使一个有毅力的人放弃自己的梦想，任何不幸都摧毁不了一个有毅力的人的意志。生活中最终取得胜利的往往是那些坚持到底的人，而不是那些自认为自己是天才的人。

无论一个人有多聪明，如果没有坚韧不拔的毅力，他就不会取得成功。许多人本可以成为杰出的音乐家、艺术家、教师、律师或医生，但就是因为缺乏毅力，他们最终一事无成。

坚韧的人从不会停下脚步思考自己到底能不能成功，他唯一要考虑的问题就是如何前进、如何走得更远、如何更接近目标。要做人生的强者，首先要做精神上的强者，做一个坚韧不拔的人。世间不存在人无法克服的艰难和困苦。在你面临绝境时，在你气喘吁吁甚至精疲力竭时，你只要再坚持一下，你就会战胜困难。

不放弃梦想，不抛弃自己

梦想是一种美好的东西。很小的时候，家长都会问孩子一个关于梦想的问题："你长大了想干什么呀？"单纯的孩子们往往会给出五花八门的答案：科学家、宇航员、教师、商人、政治家、作家。

在一次作文课上，年轻的语文老师给小朋友们布置了一篇作文，题目叫《我的理想》。一位小朋友这样描绘他的理想：将来自己能拥有一座占地十余顷的庄园，在辽阔的土地上植满绿茵；庄园中有无数的小木屋，那是一家休闲旅馆，除了自己住在那儿外，前来参观的旅客也可以在这里休息。

老师检查作文后，在这个小朋友的簿子上划了一个大大的红叉，小朋友仔细看了看自己所写的内容，便拿着作文去请教老师。老师告诉他："我要你们写下的是自己的理想，而不是这些梦呓般的空想，理想要实际，你知道吗？"

小朋友拒理力争："可是，老师，这真是我的理想呀！"老师也坚持自己的观点："不，那不可能实现，那只是一堆空想，我要你重写。”

小朋友不肯妥协：“我很清楚要实现我的理想很难，但这的确是我真正想要的，我不愿意改掉我的理想。”老师坚决地摇头：“如果你不重写，你的作文就会不及格，你要想清楚。”小朋友没有妥协，结果他的作文真的没有及格。

30年后，这位老师带着一群小学生到一处风景优美的度假胜地旅行，一名中年人向他们走来，并自称曾是他的学生。

这位中年人告诉他的老师，他正是当年那个作文不及格的小学生，如今，他拥有这个庄园。老师望着这位庄主，不禁感叹：“你真的实现了自己的梦想。”

一个人生命的长度是有限的，但是，梦想能拓展一个人生命的宽度。朝着梦想去努力，你的人生将会更加精彩。

高德15岁时，偶然听到年迈的祖母非常感慨地说：“如果我年轻时能多尝试一些事情就好了。”高德受到很大震动，他立刻坐下来，详细地列出了自己这一生要做的事情，并称之为“约翰•高德的梦想清单”。

他总共写下了127项详细明确的目标，包括探险河流、征服17座高山，他甚至要走遍世界上每一个国家，还想要学开飞机、学骑马。他甚至要读完《圣经》，读完柏拉图、亚里士多德、狄更斯、莎士比亚等十多位大家的经典著作。

他的梦想中还有乘坐潜艇、弹钢琴。当然，还有重要的一项，他要结婚生子。高德每天都要看几次这份“梦想清单”，他把整份单子牢牢记在心里，并且倒背如流。高德的这些梦想，即使从半个多世纪后的今天来看，仍然是壮丽且不可企及的。但他究竟完成得怎么样呢？

在高德去世的时候，他已环游世界4次，实现了127个目标中的103项。他以一生设想并且完成的目标，述说他人生的精彩和成就，并且照亮了这个世界。

高德的故事会让人不由自主地想到一句话：人生因梦想而伟大。一个人最终能过上怎样的生活，与他的梦想息息相关。

暂时没有实现理想不要紧，只要我们还朝着梦想的方向前进，就一切皆有可能。而遗憾的是，很多时候我们没有实现理想是因为我们过早地放弃了自己的理想。放弃理想大致有两种原因：一种是随着岁月的流逝，发现原来的理想并非自己真正想要的；一种是因为困难太大，自己主动放弃了理想。前者是主动放弃，后者是被动放弃。理性地说，适当的放弃是人生路上无奈的妥协。但你一定要谨慎判断“适当”——你的理想是你内心所深切的渴望吗？如果是的，那么你就不应该轻易放弃。很容易就能达成的目标，不能叫理想。轻易放弃自己的理想，等于抛弃了自己。

所有的坎坷，都是为了让你变得更强

晚来天阴，乌云齐聚，山脚寺院里传来诵佛的声音。一个小和尚却心不在焉，敲木鱼的时候明显节奏不对，时快时慢，似有什么心事。

住持不悦，问小和尚为何心神不宁。小和尚吞吞吐吐，终于说了原委。原来多日前小和尚上山时，发现一只失去母亲的雏鹰，他看小鹰无依无靠，就给它在山崖上找了一个窝，让它居住。现在，眼看着大雨将至，小和尚担心小鹰的性命。

“不必担心。”住持说，“雄鹰都能搏击风雨，你护得了一时，护不了一生。”

一夜暴风骤雨，第二天，小和尚匆忙赶去山崖，没走几步，就看到一只雏鹰在湛蓝的天空上飞翔，小和尚终于相信了住持的话。

正如故事中住持所说，成长是一个人的事，没有人能照顾你一生一世。你经历过风雨，战胜了磨难，就成了强者，就有了更多对抗困难的资本。故事中的小鹰在风雨后飞上天空，现实生活中，人们正是一次次克服逆境，使自己变得优秀。

人们经常对自己的处境感到焦虑。世事难以预料，我们在人生路途中难免遭遇挫折。特别是自己不论如何努力都做不好，别人却轻轻松松步步高升时，那种焦虑就更加明显。现代人为什么那么容易失眠？因为他们认为自己机会不多，必须抓紧每一个机会，所以才会事事担心。

经过十几轮的笔试面试，小美终于得到了梦寐以求的工作——一家电视台的节目主持人。她很珍惜这份工作，希望做出成就。

可是，刚工作一天，小美就发现这个工作很麻烦，电视台主持人很多，多数主持人同时还兼任记者，王牌节目只有那么一两个，人人都盯着。小美年轻貌美，刚一进来就让很多人不满。在最初的一个月，小美处处被人打压，做什么事都不顺。因为别人打小报告，小美的上司也对她充满意见，总是批评她。小美本来是个爱笑的人，在这个环境下，她每天都笑不出来。

在这种喘不过气的环境中，电视台开始流传关于小美的流言，说以小美的能力，根本进不了电视台，她能得到这个职位，完全是靠关系。小美被这个流言彻底激怒，她突然明白自己解释也没用，只有真正地做出成绩，才能堵住别人的嘴。从此，小美再也不理会别人说什么，也不费尽心思和人维持关系，而是专心致志地做自己的工作。她的节目收视率越来越高，关于她的争议也越来越少。一年后，小美在电视台站稳了脚跟。

小美的处境可谓处处不如意，看得出来，她为维持一个好的人际关系而殚精竭虑，但是，她的忍耐只让别人觉得她软弱可欺，更加肆无忌惮地针对她。后来，小美放弃委曲求全，她把成绩当作对流言的回击。小美这样的人是人生的强者，他们能够牢牢地把握命运，不论遇到什么样的困境，都能重新焕发生机。

要明白，所有的风雨不过是对你的锤炼，你不能跟着它东倒西歪，风雨越是猛烈，你越要坚定目标，不屈不挠。要知道，在乎流言的人，只能被流言拖着走；在乎成功的人，只会向目标奋起直追。还是那句话，你在乎什么，就决定你能得到什么。

要随时随地为自己增加获胜的砝码。不论是学识上的丰富，还是人际上的圆融，你吸收的东西越多，就能让自己越有分量。不要放弃任何一个学习锻炼的机会，即使那会减少你的娱乐时间，打乱你的计划——随时调整自己的能力，才能把握每一个来之不易的机会。

还有，被动地接受锤炼，不如主动锤炼自己。一开始就处在顺境中的人，其实比逆境中的人更危险。他们习惯了风平浪静，他们走得越远，就越不知道如何应对风暴。而那些从逆境中跋涉而来的人，身经百战，早已习惯了周详布局，临危不乱。在年轻的时候，不要追求所谓的顺利，主动去风浪中心接受锻炼，只要通过考验，你会获得一生中最宝贵的财富：经验、勇气、智慧，还有不向任何困难低头的力量。

成功都是熬出来的

古希腊哲学家苏格拉底是一个才思敏捷的智者，当时，很多人慕名前来拜他为师，他的学生大多都十分聪颖。

开学的第一天，苏格拉底对学生们说：“今天咱们只学一件最简单的事儿。每个人都把胳膊尽量往前甩，然后再尽量往后甩。”说完，苏格拉底就当着诸位学生的面儿，亲自示范了一遍，“从今天开始，同学们每天都要坚持做这个动作三百下，大家能做到吗？”

学生们都哈哈大笑起来，这么简单的事儿，压根儿就没有一点儿技术含量，又有何难呢？过了一个月，苏格拉底笑着问同学们：“每天甩手三百下，请问有哪些同学还在坚持？”

话音刚落，有90%的同学都得意洋洋地举起了自己的手，苏格拉底点点头。又过了一个月，苏格拉底再次问出同样的问题，这一回，还在坚持每天甩手三百下的同学仅剩八成。

一年过后，苏格拉底再一次问大家，“请问，现在还有哪几位同学坚持每天甩手三百下？”教室里鸦雀无声，只有一个人举起了手。这个坚持到最后的同学，后来成了世界上伟大的哲学家，他就是鼎鼎大名的柏拉图。

成功往往是熬出来的，生活中那些看似简单容易的小事，其实也是最难做成的大事。这句话并不矛盾，说它简单容易，是因为只要愿意动手去做，我们一般都能完成；说它难，是因为能够坚持将它做下去的人，终究是寥寥无几。

职场亦是如此，半途而废者经常会说："这样做下去毫无意义，还是放弃吧！"而能够持之以恒的人却觉得："再努力一步，成功就在不远处！"两种不同的工作态度，造就的往往是两种截然不同的人生。

蒋康杰在一家图书策划公司工作，刚进公司那会儿，只有中专学历的他，在一大群拥有大学本科学历的同事面前，还显得有几分自卑，他总感觉自己处处都低人一等。

意识到自己和同事的差距了，蒋康杰工作起来格外努力。他在心里暗暗地告诉自己，有没有和其他同事站在同一起跑线上，这件事儿并不重要，只要他有足够的耐性和韧性，始终努力工作，最后他就一定能在事业上取得骄人的成绩。

带着这种永不言弃的心态，蒋康杰一直在这家图书策划公司工作了六七年。公司刚开始时处于创业阶段，每月所创造的的利润并不是很高，员工的工资相对而言也就比较低。不到一年的时间，许多和蒋康杰一起进来的同事都坚持不下去了，他们纷纷向公司老板递交了辞呈。

可蒋康杰却始终不愿意离开，他觉得公司的发展前景其实非常好，公司的老板也是一个颇有才干的人。只要坚持下去，他相信公司一定能安然地渡过创业初期这段艰难的日子。虽然他每个月只能拿到2500元的微薄薪水，但是不管公司经营多么困难，老板却始终不曾拖欠他们的薪水，仅凭这一点，他就相信老板，愿意在这里继续努力。

就这样，公司里的员工来来去去，始终坚守在编辑岗位的却只有蒋康杰一人，公司老板也因此对蒋康杰刮目相看。有一天晚上，老板热情地邀请蒋康杰去他家里吃饭，饭后，他好奇地问道："公司现在还处于创业阶段，工资待遇也不是很好，这么多人都走了，你怎么就愿意留下来呢？"

蒋康杰笑了笑，言辞诚恳地回道："您不也在坚持吗？公司会慢慢壮大的，一口吃不成胖子，只要我们静心守候，迟早精诚所至，金石为开！"公司老板听了他这一番话，连连点头叫好。

从此，蒋康杰更加积极地投入到工作中。闲暇之余，他还向公司老板学习图书策划。几年下来，公司的规模日渐壮大，他也一跃成为公司策划团队的总编辑，薪水翻了好几倍。

罗曼·罗兰曾说："与其花许多时间和精力去凿许多浅井，不如花同样的时间和精力去凿一口深井。"蒋康杰就是勇于凿深井的最佳代表。当身边的同事一个个因为薪水低而选择辞职离开时，蒋康杰却坚持努力工作，最终获得了丰厚的回报。"只要功夫深，铁杵磨成针"，坚持就是胜利，只有勇敢地闯过去，我们才能获得一片全新的天地。

骐骥一跃，不能十步；驽马十驾，功在不舍。同理，我们要想在职场大放异彩，关键还是要有持之以恒的精神。只要我们不轻言放弃，就能推开眼前那扇通向成功的门。

最可怕的错过，就是辜负了时光

有人说，昨天是一张废票，明天是一张期票，而今天则是我们唯一拥有的现金。所以我们应当好好把握今天，切莫辜负了眼前的大好时光。错过的时光已经不属于我们，只要我们把握现在，也许在未来的日子，我们还能遇见美好。

古今中外所有有建树的人，无一不是惜时如金的人。《淮南子》曰：“圣人不贵尺之璧，而重寸之阴”；汉乐府《长歌行》有这样的诗句：“少壮不努力，老大徒伤悲”；晋朝陶渊明也有惜时诗：“盛年不重来，一日难再晨，及时当勉励，岁月不待人”；唐末王贞白《白鹿洞》诗中更有“一寸光阴一寸金”的妙喻。法国作家巴尔扎克则把时间比作资本；德国诗人歌德把时间看成是自己的财产；法拉第中年以后，为了节省时间，把整个身心都用在科学创造上，严格控制自己，拒绝参加一切与科学无关的活动，甚至辞去皇家学院主席的职务；居里夫人为了不使来访者占去她工作的时间，会客室里从来不放椅子；76岁的爱因斯坦病倒了，有位老朋友问他想要什么东西，他说：“我只希望还有若干时间，让我把一些稿子整理好”……他们用行动、用态度告诉我们：你辜负了时光，时光就会让你一事无成。只有珍惜时间，我们才能有所成就。

“人生最可怕的错过，莫过于辜负了时光。”爱迪生时常对助手说，“人生太短暂了，要多想办法，用极少的时间办更多的事情。”

爱迪生在实验室里工作，他递给助手一个没上灯口的空玻璃灯泡，说：“你量量灯泡的容量。”他又低头开始了工作。

等了好半天，爱迪生抬起头问助手道“容量是多少？”爱迪生没听见助手的回答，他转头看见助手拿着软尺在测量灯泡的周长，并拿了测得的数字伏在桌上计算。

爱迪生说：“时间，时间，怎么浪费那么多的时间呢？”爱迪生走过来，拿起那个空灯泡，向里面斟满了水，交给助手，说：“把里面的水倒在量杯里，马上告诉我它的容量。”

助手立刻照做，马上就读出了数字。

爱迪生说：“这是多么容易的测量方法啊，它又准确，又节省时间，你怎么想不到呢？还去算，那岂不是白白地浪费时间吗？”助手的脸红了。爱迪生喃喃地说：“人生太短暂了，太短暂了，要节省时间，多做事情啊！”

我们似乎总爱回忆昨天的时光，梦想未来的日子，却很容易忽略当下的生活，辜负了当下许多美好的时光。只有当失去后，我们才感叹它是自己一生中最好的时光。可惜的是，这段被我们辜负的时光，已经一去不复返了。

从来就没有太晚的开始，无论你这一路曾经多少次想要拐向另一条路、却未能真的踏出第一步，无论你为此捶胸顿足地悔恨了多少次，都没关系。20岁时你未能实现的愿望，到了25岁甚至30岁的时候，仍然有机会让梦想成真，过去你没能做的事，现在去做，依旧有着成功的可能。只要你是真的愿意去做，并且不畏困难。从某种意义上说，世界上根本就不存在机会。所谓机会，不过是在想做一件事的时候，毅然选择主动出击，而不是被动等待。

我们的这一生，注定不可能实现完美。无论是谁，都肯定会有遗憾存在，肯定会和一些人或事擦肩而过，但在种种的错过中，却唯有一种会变成我们生命中不能承受之重，那便是因为不敢尝试别样的道路而带来的遗憾。真正让我们遗失掉梦想的，并不是现实，而是我们甘于现实不敢探寻未知的心；而让我们错过那些精彩的，不是消逝的岁月，而是在一切尚且来得及的时候，却以为自己已经没有了改变的可能，轻易辜负了时光一次又一次赋予我们的机会。

第九章　再拼一把，为自己的未来奋斗

这个世界上有无数的人倒在了终点线前，始终没有跨过最后那一步，以至于功亏一篑。我们为什么不再拼一把呢？再拼一把，更努力一些，抛开所有的顾虑，勇敢地向前奔跑！

敢于打破按部就班的人生

很多年轻人刚出社会便想求稳定，结果很多人在一个稳定的岗位上“平庸”了一辈子。哲人说：“机会往往是留给那些敢于冒险的人”。试想，一个不敢打破自己现状的人，怎会去冒险？又怎能获得自己想要的机会？很多人总是按部就班地走每一步，结果工作上碌碌无为，生活上平平淡淡。只有那些敢于打破现状的人，才能够把握住来之不易的机会。

1992年7月，马海鹏高中毕业，带着美好的憧憬，他前往广东打工，在广东深圳、东莞等地先后做过工厂管理员、业务员。苦干两年多后，艰苦、清贫的打工生涯让马海鹏很不甘心，他不想就这样度过此生，他想趁年轻去做自己想做的事情。怀着这样的想法，1995年，他毅然返回家乡大新，在一家小摩托车维修店学习摩托车维修技术。由于勤学好问、头脑机灵、肯钻研，马海鹏很快成为维修店里的第一维修工。

虽然小店给付的工资仅能维持他的日常开支，但马海鹏却从中发现了摩托车行业的巨大商机。随着大新县城居民收入的增加和生活水平的提高，摩托车渐渐成为大多数人首选的交通工具，市场需求必然会不断增长，摩托车维修和销售的发展前景广阔。他开始伺机开创自己的事业，恰好此时他所在的小店因经营不善，难以维持。1995年，马海鹏便以一万多元的价格从店主手中盘下该小店，迈出创业的第一步。

做就要做到最好，这是马海鹏的做事原则。马海鹏树立了“以管理出效益，以创新谋发展”的经营理念，逐步扩展维修业务，同时发展摩托车配件批发经营。他招聘了一批刚从学校毕业的年轻人，对他们进行业务培训后，将他们派往大新县及周边各乡镇的摩托车维修店，专门进行配件批发业务的拓展。

由于服务快捷、产品好、讲信誉，马海鹏的小店名气越来越响，业务也越做越大。到2003年，马海鹏的鸿福摩托车维修配件店已成为大新县城及周边乡镇摩托车维修店的最大配件供应商，加盟的摩托车维修店达100余家，维修业务遍布县内外各乡镇。“鸿福摩配”创出了品牌，成了大新县内不折不扣的“摩配老大”。

马海鹏认为，在激烈的市场竞争环境下，小企业要生存发展，必须适时创新，才能立于不败之地。2003年9月，在认真研究了摩托车市场形势之后，马海鹏毅然筹资100多万元开展摩托车整车销售，并注册成立了大新鸿福摩托车贸易有限责任公司。

为扩大公司的知名度，马海鹏决定从“售后服务”这一环节入手，公司制订了严格的服务守则，采用科学管理方式，确保服务质量。实惠的价格，优质的售后服务，使公司赢得了顾客的信赖。经过8年的艰苦奋斗和努力拼搏，大新县鸿福摩托车贸易有限责任公司成长为集摩托车销售、配件批发与零售、维修服务为一体的企业，营业面积达2000多平方米，销售维修网络全面覆盖大新县城及乡镇。

马海鹏在一次次自我突破中，书写了从“打工仔”到董事长的传奇人生。

当然，创业是一件充满风险的事，并不是每一个人都适合创业。但是，我们从马海鹏身上学到的不是该如何去创业，而是该如何去打破按部就班的人生。

也许有人会说，并非是我们不敢改变，而是现实给了我们太多的压力，在这种情况下，我们根本无暇打破现状。这种想法其实是错误的，正是由于我们不敢打破现状，生活才会一成不变。

达尔文说过：“能生存下来的物种未必是最聪明或最强大的，但却是最善于适应变化的。”没错，只有适应社会不断变化的环境，我们才能活得更好、进步得更快。如果只知道按部就班地生活，那么，下一个被社会淘汰的人可能会是我们！所以，请改变自己墨守陈规的思想观念吧，工作和生活并没有其固定不变的模式，一潭湖水只有在涟漪不断的时候才是最美的。

抱最好的希望，做最大的努力

我们知道，这个世界上有太多的事情是我们无法左右的，在生活中，我们也会遭遇各种各样的难题：工作遭遇困难、经济拮据、婚姻亮起红灯……有的人在遭遇困难时会本能地选择逃避，因为他们觉得自己无法解决问题，于是就只能逃避。但我们都知道，面对困难时，逃避是一种最糟糕的选择。因为它不但无益于解决问题，反而会让一个人变得消沉。只有面对困难，才能够解决困难，这是一个最基本的逻辑问题。

一般来说，人在面对问题时，会先思考以下三个问题：

第一，这个事情我能解决吗？

第二，我需要做多大的努力？

第三，最坏的情况是什么呢？

首先，抱最大的希望。哀莫大于心死。一个人如果太过于悲观，认为事情永远无法得到解决，那么，他可能在还没有迈出第一步的时候，就已经选择了逃避。这样的话，困难永远也得不到解决。

NBA赛场上有一个非常有意思的现象。在一场比赛进行到最后一节的最后2分钟时，只要双方的比分差距在10分以内，落后的一方都不会放弃努力。他们会采取更加勇猛的打法缩小比分，并坚持到最后一刻。

有的人可能会觉得，就剩最后两分钟了，转败为胜的概率不超过一成。

2004年12月9日，火箭主场大战马刺，在比赛结束前1分02秒，火箭队落后10分。此时，所有人都认为胜负已分，场馆内的观众开始逐渐退场。

但此时的火箭队并没有选择放弃，他们仍然将主力球员放在球场上，在最后的这一分钟，他们做着别人眼里的“无用功”。

在这最后的时刻，火箭队主力明星球员麦蒂开始发挥，他在35秒内狂砍13分，分别是35秒时一个三分，24.3秒时一个三加一（三分加一个罚球），11.2秒时一个三分，及最后1.9秒时一个三分绝杀，火箭神奇般地以81:80战胜马刺。

这场比赛也被人称为“麦迪时刻”“奇迹时刻”。试想，如果当时火箭队的教练失去了希望，换下替补球员，或者麦蒂自己也心灰意冷，觉得胜利无望，那么，这场比赛还能够成为一场经典吗？我们还能看到这么精彩的时刻吗？答案自然是不言而喻的。

其次，要尽最大的努力。中国有句古话叫“尽人事听天命”，说的就是人要尽最大的努力。试想，如果一个人在面对困难时还保留实力、草草应付，那么，问题肯定不会得到解决。

愚公是一位居住在北山的老人，他年近九十岁。因为依山而居，交通十分不方便，进进出出都要绕远路，于是，他召集全家来商量说：“我和你们尽全力铲除险峻的大山，使道路一直通向豫州的南部，到达汉水南岸，可以吗？”

家庭成员纷纷表示赞成，唯独妻子提出疑问说：“凭借您的力气，连魁父这座小山都不能削平，能把太行、王屋这两座山怎么样呢？况且把土石放到哪里去呢？”

愚公却说：“我们可以把它扔到渤海的边上去。”于是，愚公率领子孙们每天挖山。

愚公移山的举动遭到了他人的嘲讽，有人说：“你太傻了！就凭你的力量，连山上的一棵草都不能损坏，又能把这两座大山上的土石怎么样呢？”

愚公说：“即使我死了，我还有儿子在；儿子又生孙子，孙子又生儿子；儿子又有儿子，儿子又有孙子……子子孙孙没有穷尽，然而，山却不会增高，又何愁山挖不平？”

愚公没有理会旁人的冷言冷语，而是继续埋头苦干。终于，他的举动惊动了上天，天帝被他感动，派了两位大神将两座山都搬走了。

愚公尽了最大的努力，尽管他并非是凭借自己和子孙的力量移走了大山，但他的目标还是实现了。

最后，还要做最坏的打算。这是一种心理预防措施，也就是一种心理建设。当我们做一件事情时，抱着最大的希望、尽了最大的努力还不够，还要考虑一下最糟糕的结果。这种心理建设是非常重要的，因为当我们做了最坏的打算，那么，就算事情没有得到解决，我们也不会感觉遗憾。

敢于超越一切“不可能”

威廉·波音曾经是一个经销木材和家具的普通商人。在观看了一场飞机特技表演后，他迷上了飞机。于是，他决定前往洛杉矶学习飞行技术。

但是，他买不起飞机，他的年龄也限制了他成为飞行员，就算学会驾驶飞机又有什么用呢？看来，要满足驾机遨游长空的愿望，只能自己制造飞机，波音冒出了如此大胆的想法。

通过学习，波音逐步地了解了飞机的结构和性能。有了一定的准备之后，他开始找人合作，共同制造飞机。

那时候，他们不但没有工厂，甚至连一个受过专门训练的制造工人也找不到。波音只好动员他那家木材公司的木匠、家俱师和仅有的三名钳工组装飞机——这简直形同儿戏，飞机能在这样的情况下制造出来？

但不可思议的是，他们真的将飞机制造出来了。这是一架水上飞机，波音亲自驾着它进行试飞，并且取得了成功。

波音的信心高涨，他索性将木材公司改成飞机制造公司，专心研制飞机。时至今日，全世界每天有数千架波音公司生产的飞机在天空飞行，谁能想到它起步之初的状况呢！

威廉·波音的故事告诉我们：很多我们“不可能”做到的事，只要我们把焦点放在“如何去做”，而不是想着“这是办不到的”，就有可能做到。

威廉·波音在晚年时，曾对采访他的一个年轻记者说：“面无惧色地面对每一次考验，你会得到力量、经验与信心……你必须做你做不了的事。”当我们面对一些似乎不可逾越的障碍时，只要我们有勇气向它们挑战，我们也就变得无比坚定。有了超越不可能的勇气，信心才能诞生，才能够激发起人身上无穷的斗志。

唐娜是一位即将退休的美国小学老师，一天，她要求班上的学生和她一起在纸上认真写下自己认为“不可能”的事情。每个人都在纸上写下他们认为不可能做成的事，诸如“我不可能做10次仰卧起坐。”“我不可能吃一块饼干就停止。”唐娜则写下“我不可能让约翰的母亲来参加母子会。”“我不可能让黛比喜欢我。”“我不可能不用体罚好好管教亚伦。”

然后，大家将纸张投入了一个空盒内，将盒子埋在了运动场的一个角落里。唐娜为这个埋葬仪式致词：“各位朋友，今天很荣幸能邀请各位来参加‘不可能’先生的葬礼。他在世的时候，参与我们的生命，甚至比任何人影响我们还深……现在，希望‘不可能’先生平静安息……希望您的兄弟姊妹‘应该能’‘一定能’继承您的事业——虽然他们不如您有影响力。愿‘不可能’先生安息，也希望他的死能鼓励更多人向前迈进。”

之后，唐娜将“不可能”纸墓碑挂在教室中，每当有学生无意说出“不可能……”时，她便指向这个象征死亡的标志，孩子们就立刻想起“不可能”已经死了，进而积极地想出解决方法。

如果我们经常有意无意地暗示自己“不可能”，那么，这种信念就会摧毁我们的一切，而“应该能”“一定能”等积极的暗示，则可以调动起我们的积极性，使我们踏上成功之路。

每天进步一点点

总有人在抱怨：“为什么我努力了，却总是没有得到应有的回报？”其实，他们混淆了一个概念：努力和坚持努力。努力是一种行动，而坚持努力却是一种状态。一时的努力并不能带来长久的影响，只有坚持努力下去，保证每天都能进步一点点，我们才能够收获成功。

每天进步一点点，看似非常简单，做起来却并非那么容易。“贵在持之以恒”的道理大家都明白，每天进步一点点是一种积累，也是一种自我约束。无论是个人还是企业，如果能够做到每天进步一点点，那么，最终的进步无疑是巨大的。

20世纪50年代，日本生产的各种商品急需摆脱劣质的恶名，日本多次请美国的企业管理大师为他们开药方。美国著名的质量管理大师戴明博士多次到日本松下、索尼、本田等企业考察，他开出的方子非常简单——“每天进步一点点”。日本的这些企业按照这个要求去做，果然不久就取得了质量的进步，使当时的“东洋货”很快独步天下。现在日本先进企业评比，最高荣誉奖仍是“戴明博士奖”。

每天进步一点点，听起来好像没有冲天的气魄，没有诱人的硕果，没有轰动的声势，可细细地琢磨一下，每天进步一点点，那简直又是在默默地创造一个奇迹，在不动声色中酝酿一个真实感人的神话。

法国的一个童话故事中有一道小智力题：荷塘里有一片荷叶，它每天会增长一倍。假使30天荷叶会长满整个荷塘，请问第28天时，荷塘里有多少荷叶？第28天时，假使你站在荷塘的对岸，你会发现荷叶是那样的少，似乎只有那么一点点，但是，第29天，荷叶就会占满一半的荷塘，第30天，荷叶就会长满整个荷塘。

在追求成功的过程中，我们每天都在进步，然而，前面那漫长的“28天”因无法让人“享受”到结果，常常令人难以忍受。人们常常只对“第29天”的曙光与“第30天”的结果感兴趣，却忽略了“28天”细微的进步、努力与坚持。

大厦是由一砖一瓦堆砌而成的，每一个重大的成就，都是由一系列小成绩累积而成。如果我们留心那些貌似一鸣惊人者的人生，就会发现他们“惊人”的成绩并非一时的神来之笔，而是缘于事先长时间的、一点一滴的努力与进步。成功是能量聚积到临界程度后自然爆发的成果，绝非一朝一夕之功。一个人眼界的拓展、学识的提高、能力的长进、良好习惯的形成、工作成绩的取得，都是一个持续努力、逐步积累的过程，是“每天进步一点点”的总和。

每天进步一点点，贵在每天，难在坚持。“逆水行舟用力撑，一篙松劲退千寻”。要“每天进步一点点”，就要耐得住寂寞，不因收获不大而心浮气躁，不为目标尚远而动摇，而应具有持之以恒的韧劲；就要顶得住压力，不因面临障碍而畏惧退缩，不为遇到挫折而垂头丧气，而应具有攻艰克难的勇气；还要抗得住干扰，不因灯红酒绿而分心走神，不为冷嘲热讽而犹豫停顿，而应有专心致志的定力。

不积跬步，无以至千里。只要你每天进步一点点，你就不必担心自己不会快速成长。

每晚临睡前，不妨自我反思一下：今天我学到了什么？今天我做错什么？假如明天要得到理想中的结果，有哪些错绝对不能再犯？反思完这些问题，你就会比昨天进步一点点。

不用一次大幅度地进步，一点点就够了。不要小看这一点点，每天小小的改变，积累下来就会有大大的不同。人生的差别就在这一点点之间，如果你每天比别人差一点点，几年下来，你就会比别人差一大截。

假如你还在抱怨自己没有获得成功，假如你还在抱怨自己的努力没有获得回报，从现在开始，不妨改变自己，让自己每天都处在努力的状态中，让自己每天都能进步一点点。只有如此，我们才能够让将来的自己感谢现在的自己。

苦难是一所最好的大学

多一条弯路，多一次生活的体会，多一份人生的智慧。

小提琴家帕格尼尼历经苦难，4岁时的一场麻疹和强直性昏厥症，使他几乎丧命。7岁时他患上严重肺炎，不得不放血治疗。46岁时，他的牙床突然长满脓疮，只好拔掉几乎所有的牙齿。牙病刚愈，他又染上了可怕的眼疾，幼小的儿子成了他的拐杖。50岁后，关节炎、肠道炎、喉结核等多种疾病吞噬着他的机体。后来，他的声带也坏了，儿子靠口型翻译他的思想。他仅活到了57岁，就口吐鲜血而亡。

上帝给他的苦难实在是太残酷无情了。但他似乎觉得这还不够沉重，又给生活设置了各种障碍。他长期把自己囚禁起来，每天练琴几个小时。除了儿子和小提琴外，他几乎没有其他亲人。

苦难才是他的情人，其次，他才是一位天才。他3岁学琴，12岁就举办音乐会，并一举成名，轰动世界。

他的演奏使帕尔马首席提琴家罗拉惊异地从病榻上跳下来，木然而立，无颜收他为徒。他的琴声使卢卡观众欣喜若狂，维也纳一位盲人听他的琴声，以为是乐队在演奏，当得知台上只有他一人时，大叫“他是个魔鬼”，随之匆忙逃走。巴黎人为他的琴声陶醉，早已忘记正在流行的霍乱，演奏会依然场场爆满……

他不但用独特的指法、弓法和充满魔力的旋律征服了整个世界，而且发展了指挥艺术，创作出《随想曲》《无穷动》《女妖舞》和1部小提琴协奏曲及许多吉他演奏曲。

苦难是最好的大学，当然，你必须首先不被其击倒，然后才能成就自己。

有时，遭遇挫折又何妨呢？人生道路不全是一条直线，而是坑坑洼洼、曲曲折折的泥泞小道。多一条弯路，我们就会多一份生活的体会，就会多出一份人生的智慧。

美国著名成功学专家卡耐基认为，漫漫人生当中，我们可能会遭遇一些不如意的事情，也许，每件事情都没有最差的情况，就看我们怎么去对待。这个世界总会有阴暗面，一缕阳光从天空照下来的时候，总有照不到的地方。如果我们的眼睛只盯在黑暗处，抱怨世界的黑暗，那么，我们将只会得到黑暗。

与其选择悲观抱怨，不如选择乐观积极，如果我们不能改变环境，至少可以改变自己对待事情的态度。就好像我们无法左右今天的天气是阴雨连绵还是阳光普照，但我们却可以控制自己的心情，是选择一个微笑，还是选择沉沦。

生活就是一面镜子，它笑，是因为我们对着它笑；它哭，是因为我们对着它哭。经历就是一笔财富，这笔财富是别人给不了的，也是其他人模仿不来的，更是固守在一个小天地里得不到的。每一次经历就是一次人生阅历。

经历是最好的老师，它能让我们开阔视野，明白事理，懂得生活，升华人生。积累得越多，人越成熟；经历得越多，生命越深厚。丰满的人生就是依靠丰富的经历铸就而成。

困境是上天恩赐的礼物

人生有两种境况：顺境和困境。每个人或许都能微笑着面对顺境，但是能够做到微笑面对困境的人却少之又少。你或许会说：什么？对困难微笑？这可能吗？困难如蛇蝎毒虫般让人恐惧，我怕还来不及呢。然而，越是有大成就、大作为的人，反而越是会坦然面对困境。

生活是一面镜子，你冲它微笑，它也冲你微笑；你冲它发怒，把它击碎，那么，你也只会看到那个支离破碎的自己。面对困境微笑，这个微笑不是没有意义的微笑，而是对自己的一种鼓励。只有敢于面对生活，敢于面对困境，才能掌控自己的命运。

困境是上天赐予的礼物，你只有微笑着去接受它，你才能真正享受到上天的恩赐。很多人在遇到困难的时候，只会垂头丧气，以至于使自己身陷其中不能自拔。看看那些成功的人，哪一个不是拥有着强大的灵魂，敢于对困境微笑的人？

当遇到困难时习惯性地向上天抱怨是无济于事的。上天对每个人都是公平的，每一种困境都有它正面的价值所在，关键的是如何去面对困境。也许目前看来增加负担的东西，反而给予我们另一种收获。困境即是赐予，正确地看待它，我们将会学到更多。

如果你真的想改变现状，就不要再为自己找借口。在生活中，有时将你击垮的，并不是那些巨大的挑战，而是一些非常琐碎的小事。不少人都有过这样的体验：当你面临巨大的灾难时，人会因恐惧、紧张而本能地产生出抗争的力量。然而，当困扰你的是一些鸡毛蒜皮的小事时，你可能就会束手无策，因为它们是生活的细枝末节，很微不足道。然而，正是那些看似微不足道的小事，却能无休止地消耗人的精力。

“不经历风雨怎么见彩虹”，在困境中不要怨天尤人，而应积极地利用这些困境，在困境中学习，在困境中锻炼自己，在困境中磨炼自己的意志。困境即是赐予，让我们永远以一颗积极的心勇敢地迎接未来。

挫折与坎坷也是生活中的一部分，我们难免要面对失败。然而，失败往往是通向成功之路的垫脚石，因为失败会引发我们思考，我们也会因此而积累更多的经验。之后，我们就会更容易地找到解决问题的方法。因此，挫折与坎坷也是人生的财富。

有一天，素有森林之王之称的老虎，来到了天神面前：“我很感谢你赐给我如此雄壮威武的体格、如此强大无比的力气，让我有足够的能力统治这整个森林。”天神听了，微笑着问：“但是，这不是你今天来找我的目的吧！看起来你似乎为了什么事而困扰呢！”

老虎轻轻吼了一声，说：“天神真是了解我啊！我今天来的确是有事相求。因为尽管我的能力再强，但是每天鸡鸣的时候，我总是会被鸡鸣声给吓醒。神啊！祈求您，再赐给我一些力量，让我不再被鸡鸣声吓醒吧！”天神笑道：“你去找大象吧，它会给你一个满意的答复的。”

老虎兴冲冲地跑到湖边找大象，它还没见到大象，就听到大象跺脚所发出的“砰砰”响声。

老虎加速地跑向大象，却看到大象正气呼呼地直跺脚。

老虎问大象：“你干吗发这么大的脾气？”

大象拼命摇晃着大耳朵，吼着：“有只讨厌的小蚊子，总想钻进我的耳朵里，我都快痒死了。”

老虎离开了大象，心里暗自想着：“原来体形这么巨大的大象，还会怕那么小的蚊子，那我还有什么好抱怨呢？毕竟鸡鸣也不过一天一次，而蚊子却是无时无刻地骚扰着大象。这样想来，我可比它幸运多了。”老虎一边走，一边回头看着仍在跺脚的大象，心想：“天神要我来看看大象的情况，应该就是想告诉我，谁都会遇上麻烦事，而它并无法帮助所有人。既然如此，那我只好靠自己了！反正以后只要鸡鸣时，我就当作鸡是在提醒我该起床了，如此一想，鸡鸣声对我还有好处呢！”

这则简短的故事，足以引起人们的深思：人生是一个旅程，谁都希望自己的一生一帆风顺。然而，这只是我们的希望。人生的路上总会遇上一些不顺心的事，这时，人们总是习惯性地埋怨上天不公平，于是就祈求上天能赐予我们更多的力量，帮助我们渡过难关，得到幸福。但老天是公平的，它对谁都一样。老虎被鸡鸣声困扰，大象被蚊子困扰，世间的我们也被一些大大小小的事情困扰，穷人有穷人的快乐，富人有富人的烦恼。每个人都有自己必须面对的困境，我们无须埋怨老天。关键是如何去面对困境，其实上帝赐予我们的困境也有好的一面，就像老虎如果不是被鸡鸣声吵醒，它怎么会看见美丽的风景呢？狮子虽然是羚羊的天敌，但如果没有狮子的威胁，羚羊就不会像今天这样矫健。

也许此刻你正处在困境中，不要悲观失望，把这次风浪当作一次新尝试，在磨难中顽强成长，在风浪中奋然前行。当你静心梳理时，你会惊奇地发现，原来这磨难也是一种财富！

能拯救你的只有你自己

生活中，我们难免遭遇挫折，一次两次遭遇挫折，我们提醒自己必须鼓起勇气，失败不算什么，失败是成功之母。于是，我们站起来了。可是，同样的事重复十次八次，甚至上百次，我们的热情就像熄灭的火一样，再也燃不起来。我们放下了已经做到一半的事业，扔下了已经努力很久的计划。人生在给我们机遇的同时，也安排了很多陷阱，落下去，就意味着荒废。

一旦人们习惯了荒废，就会觉得自己不适合做的事越来越多，理想的光芒渐渐消磨。于是，我们对自己的要求越来越低，做什么事越来越对付，别人对我们的印象越来越差，甚至会说："你变化可真大。"可惜，不管对方是惋惜，还是幸灾乐祸，都激不起我们曾经的雄心壮志，我们再也没有成功的信念。

但是，仔细想想，那些原因真的值得我们荒废自己吗？成功的人都经历了无数次失败，为什么那么多人坚持不住，宁可当个普通人，也不再去尝试？

因为他们碰壁碰疼了、碰怕了、碰烦了。换言之，他们的思想不够坚定，他们并不珍惜自己。在面对困境的时候，他们不懂得如何自救，甚至没有自救意识。

很多时候我们没有实现自己的愿望，不是自己的能力不够，而是我们给自己太多限制。可是，多一个限制，就是给自己绑了一条枷锁，有一天你会发现，你连行动都困难。但只要你想得开，你会觉得以前的想法有点可笑：为什么当初以为自己不行？

挣脱自我限制的方法只有一个：说服自己再来一次。无论想做的是什么，不论想要的是什么，将自己当作一个初次参赛的选手，让自己的心始终像一个空杯子，随时能装进新的东西。拥有这种“随时再来”的心态，你即使没有获得想要的结果，也能有其他收获。

我们只有一次生命，没有任何理由去浪费。旁人如果阻挠我们，我们知道反对；环境如果阻挠我们，我们知道克服。最怕的就是自己阻挠自己。千万不要给自己的心罩上一个一个罩子，看似安全，却扼杀了自己奋发向上的能力。拥有一颗乐观向上的心，才能不断战胜自我，一步步成长。

每一件小事都值得努力

据说，唐玄奘在回到中土之后带回了很多梵文经书，这些书的数量太大，他一个人根本无法翻译，于是唐玄宗命令全国各个寺院选拔聪明、有悟性的年轻僧侣，经过培养参与翻译工作。这是一个美差，不但可以去长安的大寺院居住，还能成为玄奘法师的徒弟，全国的和尚都希望得到这个机会，每个寺院也进行了精心的挑选。

江南有间大寺院非常有名望，寺里的和尚学识悟性很高，其中有个叫玄济的年轻和尚呼声最高。可方丈却选了另外两个和尚。玄济不服，找到方丈理论，方丈说："你虽然聪明，但你眼高于顶，从来不重视小事，也从不屑那些小技能，一心想做出大业绩。但你知道译经僧的工作是什么吗？是每天逐字逐句地翻译佛经，这是最基础最琐碎的工作，也是你平日最不屑做的。所以我没有推荐你，即使推荐了，玄奘法师看到你心浮气躁，也会让你回来。"

眼高手低是年轻人的通病，这个不愿意干，那个也不愿意做，总想着自己能够干一番惊天动地的大事业，却不知"一屋不扫，何以扫天下"的道理。故事中的和尚虽天资聪颖，但若不能踏踏实实做事，再聪明最后也难成大事。

生活也是如此，我们做的很多小事，也许的确不能给我们带来实在的利益，但却使我们养成一种习惯，一种凡事都认真的习惯。习惯了打磨每一个细节，保证不出纰漏，才能在更高的台阶上保持谨慎，不被小事绊住脚。就像一个数学家，演算得越是精细，实验结果就越是接近设想，中间一个疏忽，就会导致全盘皆输。

一个女人在手机厂工作已经五年，她每天的工作就是坐在生产线旁边，从传输带上拿下机壳，装一个零件，然后放回传输带。她觉得自己的青春就在这传输带上白白耗费。她和爸爸商量，想要辞掉工作，但关于未来，她却毫无打算。

爸爸问："你为什么觉得你的工作烦闷？"女儿说："每天做的不过是一个零件，有什么意思呢？"父亲说："但是没有你装的零件，手机根本不能使用。"见女儿不说话，父亲又说："那些砌砖瓦的工人，工作比你更枯燥，但没有他们，任何一座高楼都建不起来。即使再小的事，我们也得认真做，因为做不好小事，就无法做成大事。"

每一件小事都值得你努力，不论多么远大的理想，也要从最小的一步走起。把你放在高台上，你能成为跳水冠军吗？也许你连游泳都还不会。所以，静下心来，去学习如何摆动手臂，如何旋转身体，还要克服心中的恐惧。试着回想一下吧，小时候第一次走路，那种心惊胆战却期待的心情，能够走上几步的幸福感。如今，你读万卷书行万里路，有没有轻视最初迈出的小小的一步？

此时不努力，老大徒伤悲

“百川东到海，何时复西归。少壮不努力，老大徒伤悲。”意思是说，如果我们年轻力壮的时候不奋发图强，不努力学习，不努力工作，虚度年华，那么，到了年老体衰、贫病交加的晚年再去悲伤、悔恨，已为时晚矣。

“莫等闲，白了少年头，空悲切。”很多人之所以能够取得卓越的成绩，无不是真正领悟了“少壮不努力，老大徒伤悲”的内涵，从而更加珍惜时间。“发明大王”爱迪生每天工作超过18个小时；巴尔扎克在生命的最后几年一天只睡4个小时，其他时间都是拼命地工作……

据相关统计，有75%的人后悔自己年轻时不够努力，导致自己终生一事无成。那么，我们才能如何避免发生这种悲剧呢？在我们没有获得成功之前，我们总是怀疑我们付出的努力是否值得。但是，如果不坚持努力，又怎么知道自己今时今刻的努力，不会带来日后的成功呢？只有在年少时付出努力，才可以在以后的人生有所收获。

张凡刚初中毕业，就只身跑到了苏州打工。张凡以为来到这个美丽繁华的城市，就一定能够大赚一把。可事实并没有他所想象的那么简单。由于张帆没有文凭，他在这里简直就寸步难行。

那段日子，张凡跑遍了苏州大大小小几十家单位，也没有找到一份工作。他筋疲力尽，神情沮丧。那些单位的人无一例外地都会对他说："现在竞争激烈，还有大学生扫大街的呢！你一个初中生，到我们这里能干什么呢？"

这番话深深地刺痛了张凡的心。他多么希望时间能够倒流，自己可以再重新返回校园啊，那样，他一定会好好学习。

幸好，张帆刚刚18岁，也许只要努力，一切还来得及！返回老家的张凡跟父亲学习历史，跟哥哥在灯下补习功课，一年后，他终于考入宁波师范专科。可是，第一学期，张帆考试没有及格，学校让他退学或降级，经他再三请求，学校勉强答应他试读半年。张凡发誓，一定要把成绩赶上去。他坚持不懈地努力学习，半年后，他终于取得了好成绩。张凡后来更加勤奋学习，临近毕业时，他已经成为系里的高材生了。

人生难得几回搏，此时不搏待何时！张凡从被拒之门外的打工求职经历中，明白了学习的重要性，终于重新拾起了荒废的学业，终有所成。

人生短暂,年少时不抓住机会好好努力拼搏，更待何时？年轻的时候，我们如果不努力，怎么可能获得成功？难不成真要等到晚年时，再对失去的一切捶胸顿足？与其到时候怨天尤人，不如趁着年轻付出努力。

年轻的我们，没有理由不努力，没有借口不拼搏。奋发向上，永不服输，是我们年少时的本能；败而不馁，胜而不骄，是我们年少时的口号；艰苦奋斗，矢志不渝，是我们年少时的宗旨。认准了目标，就要满怀热情，全力以赴，聚精会神，埋头于眼前的工作，专注于现在的每一个瞬间。这样，我们就能开创美好的未来！

愿每一个人在年轻时都能为自己的梦想而努力，无论这个梦想是什么、这个梦想有多大，都要尽力一搏。不要等年华已逝，再感慨荒芜的青春，再遗憾年轻时没有去做自己想做的事。

不论面对什么，永远都不要放弃

让我们先来重温一下林肯的故事。

1832年，林肯失业了，这显然使他很伤心，但他下定决心要当州议员。糟糕的是，他竞选失败了。一年里接连遭受两次打击，这对他来说，无疑是痛苦的。

1835年，林肯订婚了。但离结婚的日子还差几个月的时候，他的未婚妻不幸去世。他心力交瘁，数月卧床不起。1836年，他得了精神衰弱症。但这接连的打击，没使林肯意志消沉，经过两年的努力，林肯的身体恢复了。于是，他决定竞选州议会议长，可他失败了。1843年，他又参加竞选美国国会议员，这次他仍然没有成功。

但林肯没有气馁，更没有放弃自己的梦想。他开始着手开办企业，可一年不到，这家企业又倒闭了。在以后的17年间，他不得不为偿还企业倒闭时所欠的债务而到处奔波。

虽然如此，林肯依然没有放弃自己的梦想。1846年，他又一次参加竞选国会议员，最后终于当选了。他内心萌发了一丝希望，他认为自己的生活有了转机："可能我可以成功了！"

两年任期很快过去了，林肯决定要争取连任。他认为自己作为国会议员的表现是出色的，但结果很遗憾，他落选了。因为这次竞选他赔了一大笔钱，林肯申请当本州的土地官员。但州政府把他的申请退了回来，上面指出："做本州的土地官员要求有卓越的才能和超常的智力，你的申请未能满足这些要求。"

面对这种种困境，换作另一个人，恐怕早就放弃了。然而，林肯依旧没有放弃。1854年，他竞选参议员，失败了；两年后，他竞选美国副总统，结果被对手击败；又过了两年，他再一次竞选参议员，还是失败了。

林肯一直没有放弃自己的追求，1860年，他终于实现了自己的人生梦想，一举当选为美国总统。

古人云："人生在世，不如意事十之八九。"在漫长的人生路上，我们每个人都会遇到困难。面对困难，有些人被打败了，并且从此一蹶不振，而有些人在一次次的失败后，依然携带着梦想迎难而上，最终获得了成功。

伟大的发明家爱迪生的故事家喻户晓。爱迪生从小家境贫寒，他只能在一间昏暗狭窄的车厢内进行实验。很不幸，实验不仅没有成功，反而将他的眼睛烧伤了。但他并没有放弃自己的理想，继续拖着虚弱的身体进行试验！为了寻找一根便宜、性能好的灯丝，他进行了上百次实验。试想一下，若是爱迪生在第一次实验失败后就放弃了梦想，恐怕我们现在还没有电灯。

好莱坞巨星史泰龙年轻的时候在好莱坞跑龙套，一天只挣1美元。为了生活，他又到拳击馆去当陪练，每次都被打得鼻青脸肿。

后来，他立志要当影星，于是，他四处自我推销，居然被人拒绝了1850次。最后，他终于在电影《洛基》中担任主角。《洛基》的剧本是史泰龙自己编写的，剧中男主角的生活原型就是他自己。从此，他一炮而红，并成为“自我超越、顽强拼搏、个人奋斗”的美国精神象征。在史泰龙的眼里，这个世界没有失败，只有暂时没有成功。

眼前的困难不能成为我们放弃的理由。天将降大任于斯人也，必先苦其心志，劳其筋骨，饿其体肤，空乏其身……生活是残酷的，我们想要获得成功，就必须经受住一次次的考验。我们无法改变天气，但能改变自己的心情；我们无法躲避困难，但能用积极的方式来面对它：敢于挑战，敢于创新！面对天大的困难，也永不放弃自己的梦想。

从星儿记事那天起，她就扛起了家庭的重担。星儿的爸爸、妈妈都患有疾病，由于家庭贫困，他们一直没钱医治，瘦弱的他们还要做繁重的农活，长年的过度劳累和营养不良，使得他们的身体越来越差。屋漏偏逢连夜雨，星儿九岁那年，她的妈妈又患了肺气肿，星儿清楚地记得，一到冬天，妈妈连炕都不能下。

在这样的家庭环境中长大的星儿，从小过着和同龄人不同的日子。当别的孩子还在父母怀里撒娇时，她就在家里烧火做饭；当别的孩子穿着新衣上学时，她为自己冬天不挨冻而满足；当别的孩子吃着零食玩耍时，她从来都在家里忙着为爸爸妈妈做饭。

从妈妈患了肺气肿开始，每到冬季，都是星儿架着妈妈从炕上下地大小便，由于力气不足，她和妈妈不止一次摔倒在地，磕破皮，碰出血，她和妈妈抱头痛哭过，但她从没有放弃。

她悲伤过、绝望过，甚至想过放弃生命，但一想到爸爸妈妈吃着她做糊的饭依然说很好吃，她知道，她是他们的依靠；想到爸爸妈妈看到她的一张张奖状而欣慰的笑，她知道，她是他们的骄傲。她不能选择自己的家庭，也不甘心命运的摆布。于是，除了干家务和照顾好妈妈外，她把全部精力都放在学习上，学习让她充实。

从上一年级起，星儿就年年被评为优秀学生。寒窗十二年，从那个漏雨的屋子里，飞出了星儿这个金凤凰，她考上了北京大学。

我们每个人都会遇到困难，只要我们坚持不后退，终究会越过那座名叫困难的大山。千万别在困难面前退缩，更别用任何借口来让自己放弃，只要我们坚持下去，希望就一定会出现。

成功与失败之间，有时只相隔不到一米的距离。樵夫砍伐大树，即使砍击次数高达1000次，但使大树倒下的往往是最后的一击，关键就看樵夫能否坚持砍最后那一下。不管我们遇到什么困难，只要坚持不放弃，就会一直有希望。

如果说成功也有秘诀的话，那就是坚持到底，永不放弃。当我们在巨大的困难面前想放弃梦想的时候，请告诉自己：坚持到底，永不放弃！